L'UNITÉ DANS LA CRÉATION

ET LES

LIMITES ACTUELLES DANS LA VARIABILITÉ DES ESPÈCES

PAR

Le Comte H. De VILLENEUVE-FLAYOSC

Ancien Ingénieur en chef des Mines, ancien Inspecteur général d'Agriculture
Membre de l'Académie de Marseille.

MARSEILLE.
TYP. ET LITH. BARLATIER-FEISSAT PÈRE ET FILS,
RUE VENTURE, 19.

—

1872.

L'UNITÉ DANS LA CRÉATION

ET

LES LIMITES ACTUELLES DE LA VARIABILITÉ DES ESPÈCES

PREMIÈRE PARTIE.[1]

Il y a déjà quarante années presque entièrement écoulées depuis le jour où, recevant Lamartine dans cette Académie de Marseille que j'avais l'honneur de présider, je présentais au poète religieux l'imposant tableau de l'unité du plan du divin Créateur se manifestant par l'unité, vers laquelle convergeaient tous nos progrès scientifiques.

Depuis 1832, cette grande unité de la création s'est de plus en plus manifestée dans le monde de la matière brute et dans celui des êtres organisés.

Mais cette sublime harmonie, au lieu d'exciter un sentiment universel d'admiration, au lieu de faire retentir l'hymne de louanges par tous les échos de la science, n'a provoqué, chez certains esprits, que la négation de la liberté et de la personnalité du Créateur.

Comme si l'extrême sagesse, qui a partout retracé l'unité de son essence, la concordance de toutes ses

---

[1] Ce mémoire a été lu à l'Académie de Marseille dans la séance du 19 mars 1872.

combinaisons, comme si l'incessante activité du Créateur pouvaient atténuer les idées de la puissance illimitée et de la liberté de Dieu. Plus la création a paru belle, plus on a insulté, renié le Créateur !

Au nom de la science, protestons contre l'impiété et la funeste absurdité de ceux qui usurpent le titre de ses véritables interprètes.

Au moment où les appétits brutaux surexcités tendent à détruire toute obligation morale, à excuser tous les crimes qui compromettent et la science et la société civilisée, ils sont bien coupables, les savants qui, par leurs équivoques et leurs insinuations, dénient la personnalité divine ; qui sapent le principe de toute législation en attaquant le dogme des peines et des récompenses réservées à l'âme immortelle.

Ils oublient que la science est un sacerdoce, et que le premier acte du véritable savant ne peut être autre chose qu'une confession en la croyance d'une cause première de tout ce qui existe.

La science n'est que la recherche des causes et de leurs lois ; l'idée de cause est donc le premier fondement de tout travail scientifique. Chercherait-on la cause si l'on était intimement convaincu qu'il n'y en a point ?

Chercherait-on l'ordre si l'on n'admettait que le désordre ?

S'il se trouve parmi les êtres créés quelque spontanéité de mouvements, s'il existe quelque liberté dans les déterminations ; n'y a-t-il pas nécessairement un premier auteur des mouvements spontanés, de l'indépendance et de la liberté ?

On a cru pouvoir nier toutes ces vérités élémentaires, ces rigoureux principes de la science sérieuse... Des esprits égarés ont confondu les lois de la sagesse et de la fécondité de la création, avec les produits désordonnés d'un hasard aveugle ou d'une brutale nécessité.....

Evitons le vertige de cette science malsaine ; comme le divin Keppler, comme Pascal et Descartes, comme Leibnitz et Newton, cherchons en toutes choses ce qu'il y a de plus grand, de plus propre à élever notre humble personnalité jusqu'à la contemplation des merveilles que le libre Créateur a faites!

Chaque voile déchiré par la science nous laissera voir une nouvelle illumination de la face divine!

Nous admirerons la liberté sans borne avec la sagesse infinie du Créateur, dans la fécondité, comme dans l'harmonie universelle des diverses parties de la création; partout nous trouverons à louer le Créateur.

Profusion des êtres actuellement vivants.

Si nous demandons dans le monde matériel quelles sont les lointaines limites des astres semés dans la profondeur de l'espace, si nous cherchons les bornes du nombre des êtres vivants; dans la matière brute, comme dans le monde organisé, des chiffres effrayants viendront nous frapper de stupeur et d'éblouissement.

Si nous cherchons à mesurer l'étendue du règne organique actuel, nous trouvons les espèces exprimées par les chiffres imposants que voici :

Dans les plantes	100,000	espèces.
» les vers	6,000	»
» les insectes	130,000	»
» les mollusques	20,000	»
» les crustacés	10,000	»
» les poissons	10,000	»
» les amphibies	2,000	»
» les oiseaux	10,000	»
» les mammifères	3,000	»

En somme, près de 300,000 espèces vivantes se partagent le brillant domaine de la vie terrestre, et quelle profusion d'individus dans les espèces inférieures! Il n'y a pas une bulle d'air, pas une goutte d'eau, pas une poussière terrestre qui ne soit peuplée de millions de germes commençant à éclore, à côté de tous les millions de vies prêtes à s'éteindre!

Quelles myriades d'êtres naissants continuent sous nos yeux le prodige des créations, commencées depuis des milliers de siècles! L'apparition de chaque nouvel être vivant n'est-elle pas une création plus étonnante, plus incompréhensible que ne le serait celle d'une molécule brute, fut-elle d'argent ou d'or? Il est triste de le reconnaître, Humboldt était singulièrement aveuglé par le matérialisme lorsqu'il écrivait dans son *Cosmos* ces paroles malheureuses pour sa gloire : « J'ai vu des transformations, je n'ai jamais rencontré un nouvel être créé. » Humboldt n'avait donc jamais été témoin de la naissance d'une plante, d'un animal !

Ce n'est pas assez des profusions de la vie actuelle, il faut contempler encore les incommensurables légions des êtres anciennement vivants.

La richesse organique de l'ancien monde dépassait de beaucoup celle de l'ère actuelle, et par le nombre des espèces inférieures, et par celui des individus. Dans les momies pétrifiées, nous exhumons les médailles de l'histoire ancienne.

Nous avons actuellement 20,000 mollusques et l'on compte plus de 40,000 coquilles fossiles !

Nous possédons 10,000 poissons vivants, Agassiz énumère 25,000 poissons fossiles !

Les Sauriens ont bien diminué de nombre ; leurs grandes espèces habitant l'Europe d'autrefois ont disparu.

Les nombreux pachydermes dont on trouve les débris ne sont plus représentés dans notre Europe que par un seul : — c'est le sanglier, qui reste dans notre pays comme l'unique successeur indigène de cette famille si féconde dans la période tertiaire, famille bien remarquable par ses formes gigantesques dans les âges géologiques les moins reculés.......

Les débris des êtres vivants qui ont habité la terre dans les siècles passés sont si nombreux que leur multitude effraye l'imagination ! Chaque couche sédimentaire offre des dépouilles de plantes, d'animaux en nombre immense... et les sédiments superposés, depuis les terrains les plus anciens, jusqu'aux dépôts géologiques les plus récents, forment une épaisseur moyenne de plus de *six mille mètres*. Les générations vivantes ne sont donc qu'un imperceptible échantillon du règne organique des temps antérieurs.

Tout l'ensemble des individus qui étalent les merveilles de la vie dans le passé et dans le présent rentre dans les cadres d'une même classification, tout le règne organique forme un plan harmonieux dont l'unité se manifeste chaque jour avec plus d'éclat. Nous saluons en haut l'unité de la matière de l'ensemble des astres, et nous admirons l'unité de la *création vivante* placée sous notre main....

Partout se manifeste, avec la puissance, avec la sagesse infinie, l'unité de Dieu créateur ; stéréotypée dans l'unité de la création inorganique et de la création organique ; quoique ces deux unités soient séparées par l'intervalle infini existant entre la substance animée et la matière inanimée. Il y a l'infini entre la matière brute assujettie aux lois nécessaires de la mécanique et la vie végétative.

L'infini sépare encore des plantes les animaux doués de spontanéité dans leurs mouvements, de discernement, de mémoire et de volonté. Enfin, l'infini sépare aussi l'homme libre dans ses déterminations, aspirant sans cesse vers la jouissance des perfections divines, et les animaux courbés vers la terre.

Ainsi à trois reprises, le cachet divin de l'infini apparaît dans l'unité harmonique des choses créées. Les espèces inorganiques et organiques se montrent à nous comme séparées par des barrières infranchissables, l'espèce matérielle du fer ne peut pas se convertir, ni l'espèce matérielle de l'or. De même, l'espèce animale de l'âne est séparée par une barrière insurmontable de l'espèce cheval.

Absolument comme dans un concert, l'harmonie n'existe qu'en admettant la distinction essentielle des notes musicales.

Les êtres inférieurs sont les préparateurs du développement des êtres supérieurs.

Les roches se décomposent pour fournir la poussière broyée qui s'apprête à alimenter les dissolutions salines nutritive des plantes ; les plantes, à leur tour, fournissent aux animaux leur aliment aérien dans l'oxygène qu'elles isolent du carbone, et leur aliment solide dans les matières amylacées, sucrées et azotées qui forment la nourriture animale. Enfin, les animaux herbivores produisent la chair qui alimente les êtres supérieurs et l'homme lui-même. De sorte que, sur toute l'échelle des êtres, depuis la matière brute jusqu'à l'homme, partout s'applique la loi des services mutuels et de la moindre dépense d'efforts pour atteindre le but le plus élevé. La réciprocité des services échangés entre les êtres créés n'est-elle pas la belle image de la loi chrétienne du sacrifice et de la charité ? Depuis les premiers éléments matériels jusqu'aux suprêmes représentants de la spontanéité et de la liberté, toujours se manifeste la grande loi de l'économie des forces, de la sagesse et de la simplicité des moyens, de la fécondité des résultats : loi générale que les mathématiciens proclament sous le nom de PRINCIPE DE LA MOINDRE ACTION !

Il y a unité dans la matière dont tout les mondes matériels sont composés... depuis les soleils jusqu'aux planètes, depuis les humbles satellites des planètes jusqu'à la poussière que nous apportent les aérolites, partout se manifeste l'unité de notre répertoire chimique.

Le cachet de l'unité matérielle ne se retrouve-t-il pas même sous l'apparente variété des roches qui forment notre croûte terrestre ? Tous nos granits, nos porphyres, nos argiles, nos grès et nos calcaires sont les produits de l'altération de la lave qui formait la première surface de notre terre, c'est cette même matière primitive qui, formant encore la masse liquide incandescente intérieure, nous est remise sous les yeux par les paroxysmes des volcans.

A l'unité de la matière cosmique, à l'unité de la matière géologique de notre globe correspond l'unité de la matière organisée.

L'identité des éléments matériels qui forment la masse principale des végétaux et des animaux établit entre ces deux règnes une unité qui mérite d'être signalée.

Le carbone, l'oxygène et l'hydrogène forment les composants les plus essentiels de tous les êtres organisés, l'azote s'y trouve associé dans une proportion très faible dans les végétaux et atteignant au plus un dixième dans les tissus animaux.

Les acides du phosphore et du silicium forment, avec la potasse et la chaux, la base minérale dominante de tous les êtres vivants.

A cette unité chimique des êtres organisés se joint l'unité des lois de reproduction. Entre la formation des graines végétales et la fécondation des œufs des animaux les analogies de composition et de développement sont bien frappantes.

L'unité organique se révèle encore dans les mouvements intérieurs des liquides. Entre les vibrations des feuilles, la circulation de la sève dans les végétaux et les oscillations de l'organe respiratoire et la circulation du sang dans les animaux ; les rapports sont incontestables, tout corps organisé est un appareil vibratoire.

Les corps de l'univers matériel à leur tour, soleils et planètes, toujours agités dans leurs liquides et leurs gaz, soit dans leurs masses incandescentes intérieures, soit dans leurs marées extérieures, soit dans leurs courants atmosphériques, sont tous des corps vibrants....

De sorte que l'état vibratoire est l'état le plus universel de tous les corps créés, qu'ils soient de la matière brute ou de la matière organisée. Le monde tout entier n'est qu'un concert universel.

Pour tous les corps vibrants naît la nécessité de la forme des subdivisions... absolument comme dans une plaque sonore se produisent invariablement les subdivisions propres à faire naître la concordance des mouvements des diverses parties.

L'harmonie des formes, toujours établies d'après une simple loi de mécanisme, est un grand trait d'union entre les subdivisions de tous les corps existants, bruts, végétaux et animaux.

Aussi sur notre terre, les diverses parties des chaines de montagnes et des dépressions des vallées subissent les mêmes lois que celles des proportions des ailes des oiseaux et des pieds de nos quadrupèdes.

Partout l'harmonie des mouvements exige l'harmonie des formes.

Les révolutions qui ont successivement façonné la surface de la terre ont préparé le théâtre du développement végétal.

Les végétaux, à leur tour, ont hâté le refroidissement du globe terrestre. En décomposant l'acide carbonique, ils ont isolé l'oxygène, principale source de la chaleur animale, et le carbone, qui, mis en réserve dans ses houillères, a emmagasiné pour nous des trésors de chaleur et de lumière.

Ainsi, par des décompositions progressives opérées dans la matière terrestre et dans la matière organisée, toute la succession du développement des êtres s'est préparée.

Partout, dans le temps et dans l'espace, s'est ainsi appliquée la plus grande économie des forces pour obtenir le plus grand effet : dans les phases géologiques, comme dans les relations organiques, nous retrouvons le principe de la moindre action (1).

Si nous nous élevons jusques aux grandes synthèses qui établissent l'unité du plan de la création, ce n'est pas pour établir une confusion entre les choses essentiellement distinctes, mais pour en faire ressortir l'harmonie et signaler la concordance de la science et de la religion.

Avec la Genèse biblique, nous voyons ainsi le passage progressif du cahos à l'ordre le plus régulier, n'est-ce pas, bien avant Laplace, la Genèse qui nous a appris l'origine gazeuse de notre terre solide ? (*terra erat inanis*

---

(1) L'unité est si complète dans le monde que les variations du magnétisme terrestre obéissent aux mêmes lois que les variations des taches solaires !

et vacua) ? La lumière et la chaleur terrestres indiquées avant l'influence du soleil et manifestées par la végétation ? la séparation progressive des terres et des mers ? la succession des animaux aux végétaux, l'apparition des espèces inférieures avant les espèces supérieures ?

La création tout entière aboutissant, enfin, à l'apparition de l'être intelligent et libre destiné à modifier et à dominer la terre ? Nos yeux ne sont-ils pas frappés de l'accomplissement de l'oracle biblique qui, après avoir montré l'homme témoin du dernier cataclysme, prédisait l'avénement du règne humain sur les végétaux et les animaux ?

Ainsi, la Genèse, devançant la science, a signalé la dernière révolution, qui a eu l'homme comme témoin et comme victime. Le progrès le plus récent de la géologie n'est qu'une grande confirmation biblique. Les progrès de la science ont été de lumineux commentaires et de saisissantes interprétations des livres sacrés.

Si quelques esprits étroits ont abusé du langage biblique, ne rendons pas le livre responsable de ses mauvaises traductions. Comme les savants du xvii° siècle, ayons toujours l'intelligence ouverte vers cet infini qui les guida vers les plus magnifiques découvertes de l'esprit humain. C'est en se plaçant sur les plus grandes hauteurs qu'ils ont embrassé les plus larges horizons, et Keppler, le plus religieusement inspiré de tous les inventeurs, n'est-il pas l'auteur des plus étonnantes découvertes ?

A côté des grands et pieux inventeurs du xvii° siècle, à côté des Keppler, Descartes, des Pascal, des Leibnitz, des Newton, nos modernes savants ne sont que de minces praticiens ! et pourtant ce sont ces jeunes écoliers qui censurent et méprisent les larges conceptions de leurs maîtres !

A entendre quelques voix dissonnantes, on croirait que les lois de la matière brute et celles des corps organisés sont identiques, et que des forces soumises aux chaines de la nécessité ont élevé leur développement jusques aux actes spontanés de la vie animale, jusques aux libres élans de la volouté humaine, comme s'il n'y avait pas des abimes infranchissables entre la liberté et la nécessité, comme si le concert et l'harmonie des êtres pouvaient se confondre avec l'aveugle confusion.

Lamark, sans rougir de son erreur, n'a-t-il pas osé dire que la production d'un nouvel organe résulte d'un nouveau besoin, et d'un *nouveau* mouvement que ce besoin fait naître !

Mais qu'est-ce qu'un besoin organique ; sinon un effet de l'organisation préexistante, avec une organisation donnée peut-il exister des besoins en dehors de cette organisation ? Les animaux dépourvus d'yeux éprouvent-ils le besoin de regarder ? Les solipèdes sentent-ils le besoin de remuer les doigts ?

J'aime autant l'explication de Lamark que celle du personnage mis en scène par Molière et déclarant que l'opium fait dormir parce qu'il a la vertu dormitive.

Plus tard d'autres naturalistes nous annoncent qu'il y a identité entre les forces brutes physiques ou chimiques et la force vitale.

Ainsi l'acide carbonique, qui se développe aux dépens de la feuille séparée de l'arbre, serait produit par les mêmes forces qui président à la décomposition faite par la même feuille de l'acide carbonique puisé dans l'atmosphère et pendant que la feuille est sur l'arbre !

La spontanéité des mouvements de l'animal serait identique à l'inertie des corps bruts? Ainsi la liberté des actes humains serait identique à la nécessité des mouvements matériels !

Et l'intelligence *mens divinior* de l'homme, serait le produit nécessaire des forces aveugles et inintelligentes !

Cependant, la force vitale domine les forces brutes et les fait servir comme un instrument à ses fins.

Les doctrines matérialistes ne sont pas seulement des aberrations ; entre les mains de ceux qui prétendent tenir le flambeau sacré de la science elles sont des crimes sociaux. De pareils théoriciens ne deviennent-ils pas responsables de tous les forfaits d'une populace livrée aux passions les plus brutales ?

Les admirables travaux de Buffon, de Cuvier, de Geoffroy-Saint-Hilaire , de Flourens ont d'avance fait justice des erreurs de Lamark et de celles dont se sont faits les échos les partisans de Darwin.

Cuvier, sortant des hypothèses des germes indestructibles et des métamorphoses organiques spontanées, a établi le grand principe de la corrélation des organes et de l'unité de toutes les pièces anatomiques appartenant à une espèce animale.

Geoffroy-Saint-Hilaire , généralisant le principe d'unité spécifique si heureusement établi et appliqué par Cuvier, signalait l'unité du plan de la création entre les animaux vertébrés d'abord et ensuite entre les invertébrés. Il arrivait, par l'examen des évolutions successives de chaque fœtus, a dévoiler, dans les progrès de la gestation, le plan général de la succession des êtres animés.

Geoffroy-Saint-Hilaire montrait aussi que la chaîne des êtres vivants offrait dans ses anneaux interrompus la place des êtres fossiles.

Maintenant Darwin, reprenant la thèse de l'unité du plan de la création déjà si bien exposé par Geoffroy-Saint-Hilaire, a-t-il ajouté quelque chose de sérieux aux travaux de nos illustres savants ?.... je me permets d'en douter.

Le principe de la variabilité des espèces est la base de tout l'édifice darwiniste. Ce principe est l'élément différentiel infiniment petit dont il faut retrouver les diverses espèces intégrales dans la transformation des espèces.

En quoi consiste cette variabilité ? Est-elle illimitée ? La variabilité des espèces exige comme étude première celle des espèces.

Quelle est la vraie définition d'une espèce ?... Quel est le caractère fondamental qui distingue des individus se succédant les uns aux autres ?... bien évidemment la propriété essentielle des êtres vivants n'est pas dans leurs formes variables, ni dans les phases d'un même individu ? Est-ce que l'œuf, la larve, la chrysalide, le papillon, se ressemblent beaucoup extérieurement ? Nullement. Ce qui les caractérise, comme espèce et même comme individu, c'est la faculté indéfinie de reproduction.

La reproduction indéfinie spontanée est le caractère de l'espèce. Une espèce est donc une série d'êtres se succédant avec la faculté indéfinie de reproduction spontanée, continue et sans l'intervention artificielle de la main humaine. Le type de l'espèce est ainsi dans ce qu'il y a de plus intime, de plus vital dans chaque être organisé.

Placé à ce point de vue, le seul véritable.... le seul scientifique, on peut affirmer que depuis la période glaciaire ou diluvienne, ni dans le règne végétal, ni dans le règne animal, aucune espèce nouvelle n'est apparue.

Aucune espèce nouvelle ne s'est montrée même entre les organismes les plus voisins en apparence et en réalité. C'est parce qu'il y a au fond des êtres vivants un principe intérieur essentiel, qui domine toutes les apparences et se refuse aux confusions ; comme les notes de l'accord parfait repoussent les dissonances.

DEUXIÈME PARTIE.

Dans l'imposante perspective offerte par la série des êtres vivants, partagée en deux groupes qui se complètent l'un par l'autre ; d'une part, le groupe plus nombreux des espèces fossiles, d'autre part, le groupe plus saisissant des espèces vivantes, la chose la plus remarquable, c'est la perpétuité des espèces, et l'impossibilité d'obtenir d'elles des dérivations, des altérations qui se continuent naturellement et indéfiniment.

La fécondité continue, illimitée donne aux espèces une véritable *immortalité*, à travers les variétés héréditaires que l'on appelle des races.

Quoi de plus varié, par exemple, que les diverses races de l'espèce chien ? Les différences de leurs dimensions linéaires atteignent le rapport de 1 à 5. Entre le volume des plus grandes races de chien et celui des plus petites, existe l'énorme distance de 1 à 125. Néanmoins ce fidèle compagnon des migrations de l'homme,

ce serviteur docile qui se plie à tous les besoins humains, qui s'habitue à tous les climats extrêmes auxquels l'homme peut résister, ce serviteur qui se prête à tous les caprices de son maître, conserve toujours le trait caractéristique de l'unité de l'espèce. Toutes les races canines peuvent se féconder mutuellement.

A côté de l'unité de l'espèce constatée par la propagation facile entre les individus aussi dissemblables que l'épagneul et le bouledogue ; la divergence des espèces se montre dans deux animaux éminemment rapprochés par leurs formes extérieures, tels que le cheval et l'âne. Bien que l'éminent naturaliste Cuvier n'ait pu constater aucune différence essentielle entre les deux ossatures du cheval et de l'âne, ces deux animaux ne peuvent donner par leur union aucune série continue ; leurs métis sont inféconds entr'eux. Le *cheval* et l'*âne* appartiennent à deux espèces absolument distinctes. Sous leurs similitudes extérieures se cache une divergence intérieure essentielle.

Fécondité illimitée, continue, naturelle, voilà d'après Buffon, Cuvier, et Flourens le caractère le plus tranché de l'espèce.

Fécondité bornée tel est le caractère des produits des deux espèces appartenant à un même genre. Le cheval et l'âne en offrent un exemple.

La *fécondation impossible* est la barrière qui sépare deux genres. Ainsi, entre le singe et l'homme, il y a actuellement bien plus que l'intervalle d'une espèce à l'autre. Le singe est d'un genre différent de l'homme, puisque la fécondation réciproque entre ces deux types est impossible. Il n'y a aujourd'hui aucun métis de singe et d'homme.

D'après ces exemples, on voit nettement que, dans la fécondité spontanée, continue, gît le caractère essentiel de l'espèce ; et que les races ne sont que des variétés d'une espèce capables de se féconder toutes mutuellement. Le passage d'une race à l'autre est facile, la frontière d'une espèce à l'espèce voisine est infranchissable.

Sélection naturelle et artificielle. Dans le système végétal, comme dans le règne animal... on peut fonder des races en choisissant certaine variété, en la faisant reproduire par une série de séquestrations des autres variétés. C'est ce que l'on appelle la *sélection...* mot qui rappelle le choix à faire dans les sujets que l'on veut reprendre pour reproducteurs.

On peut aussi tenter la production de nouveaux types par des unions entre espèces différentes, c'est le système de l'hybridation.

Extrême rareté de l'hybridation naturelle parmi les plantes. Les plantes abandonnées à elles-mêmes, semblent se prêter bien aisément à des hybridations naturelles. Les

agitations de l'air, les transports par des insectes volti-
geant de fleur en fleur, tendent sans cesse à porter d'un
calice à l'autre la poussière fécondante désignée par les
botanistes sous le nom de pollen.

Néanmoins, dans les 100,000 espèces de plantes existantes, de Candolle ne compte que 40 hybridations naturelles. Notre savant Decaisne réduit ces hybridations à
la moitié du chiffre précédent, tant les hybridations
naturelles sont rares dans les plantes abandonnées à
elles-mêmes !

La main intelligente et dominatrice de l'homme s'est
emparée de toutes les variabilités des plantes et des
animaux pour satisfaire à ses besoins ou à ses plaisirs...

Par la sélection, l'homme a produit les racines déve-
loppées des plantes les plus riches en amidon et en
sucre. Les raves, les betteraves, les carottes, les scorso-
nères, les ognons, les pommes de terre, ont pris sous la
main humaine de magnifiques grossissements. Les
salades, les choux, ont étalé un feuillage luxuriant. Les
asperges ont enflé et amolli leurs tiges. Les légumi-
neuses, pois, fèves, haricots, ont été rendues plus abondantes, plus assimilables. Les céréales ont été cultivées
dès l'origine de la société pour fournir la base essentielle de l'alimentation. Les fruits, transformés par la
greffe, ont offert les jus les plus succulents, les pulpes les
plus abondantes.

Les roses ont accru leur belle corolle aux dépens
même de leurs organes de reproduction.

Néanmoins, dans tous les changements obtenus par
l'art humain, il n'y a jamais eu qu'une déviation par-
tielle des forces vitales des êtres organisés. La somme de
ces forces est restée la même, l'excès de développement,
l'*hypertrophie* obtenue en un sens a toujours été suivie
d'une *atrophie* produite dans un autre sens... et ce sont
surtout les facultés reproductrices qui ont été sacrifiées
de manière que jamais l'homme ne pût se dispenser de
continuer le labeur commencé... afin que, suivant la
Genèse, chaque progrès soit obtenu à l'aide des gouttes

de la sueur humaine. Nous n'avons obtenu dans toutes nos cultures que des monstres incapables de se reproduire spontanément. Il nous faut continuer l'influence primitivement exercée sur la transformation des ronces.

Quel est le simple jardinier qui ignore la persistance des soins nécessaires pour maintenir les racines de la carotte, de la betterave, du scorsonère, de la rave ; avec leur saveur, avec l'abondance et la tendreté de leur pulpe ? Qui ne sait que les plus remarquables de toutes les variétés sont les plus éphémères ? La tendance du retour aux proportions de l'espèce primitive est si grande que les graines deviennent moins abondantes et leur avortement de plus en plus fréquents ? Pourquoi ne multiplie-t-on pas les asperges par leurs graines ? Parce que ces graines avortent ou reproduisent l'asperge sauvage, tandis que celle-ci multiplie spontanément ses tiges minces et épineuses sur nos coteaux et sur les sols pierreux les plus ingrats ? L'espèce primitive de toutes les plantes cultivées est seule viable, seule permanente, toutes les races artificielles s'éteignent ou reviennent naturellement au type initial... c'est ce retour que les horticulteurs nomment un *abâtardissement*.

La rose sans étamines ne peut plus donner de graines, il faut la reproduire par la bouture ou mieux encore par la greffe.

Les raisins aussi ne se reproduisent plus avec leurs qualités acquises que par la bouture, les graines de la vigne offrent la reproduction de l'espèce rustique la moins appropriée aux besoins de l'homme. Quelquefois même, comme dans le raisin de Corinthe, la graine a disparu.

Nous avons en Provence des oliviers, des figuiers spontanément venus dans nos bois par des graines perdues, emportées par les vents, semées par les oiseaux ; mais tous leurs fruits petits, peu charnus, peu savoureux retournent à l'espèce primordiale.

Vitalité diminuée pour les arbres à fruits perfectionnés.

La greffe qui n'est (suivant l'heureuse expression du célèbre jardinier Noisette) qu'une bouture plus parfaite, n'offre le *maximum* de perfectionnement et de beauté dans les fruits, qu'en rachetant ces qualités artificielles par un *minimum* de *vitalité* dans l'arbre transformé.

Le pommier sauvage vit plusieurs siècles. La pomme greffée sur le pommier sauvageon donne les fruits encore petits, mais l'arbre greffé vit encore 200 ans.

La même greffe portée sur un sujet venu de graine de pomme perfectionnée donne de plus beaux fruits ; mais l'arbre greffé ne dure que 120 ans.

Enfin, la pomme obtenue par greffe sur la race de pommier dite *paradis* est la plus grosse de toutes, mais l'arbre ne vit plus que 25 ans.

La plus grande beauté du fruit n'est obtenue qu'en réduisant la durée à moins du DIXIÈME de la durée de l'espèce primitive. Ce fruit magnifique, d'ailleurs, ne peut pas reproduire immédiatement sa race par sa graine. Non seulement la reproduction spontanée des plantes perfectionnées est impossible, non seulement la durée de leur vie est diminuée, mais encore elles portent en elles-même un principe de faiblesse et d'infirmité. Les maladies les attaquent avec une force plus irrésistible.

Maladies végétales des races botanniques perfectionnées.

Les maladies de la pomme de terre, de la vigne, des betteraves, sévissent surtout sur toutes les races obtenues par les plus grands artifices. La maladie de la vigne est née sur les raisins élevés dans les serres de l'Ecosse, elle a atteint plus rapidement les raisins de Corinthe, parceque ceux-ci, privés de graines, étaient plus éloignés de l'état de nature. — Des maladies dérivées de celles-là ont presque anéanti les orangers d'Hyères.

Dans son très remarquable ouvrage sur les limites de la variabilité des espèces, le savant doyen de la Faculté des Sciences de Lyon, M. Faivre, entre dans d'intéressants détails sur la seule variété de plante hybride qui fait une apparente exception à l'absence de durée des variétés végétales créées par l'homme. Cette plante, obtenue par le pollen du froment ordinaire déposé sur le pistil de l'*œgilops ovata*, a été nommée *œgilops speltœ-formis*. Elle a présenté à M. Faivre une série de vingt générations constamment fécondes, sans retour à l'une des deux espèces parentes.

Mais cette création hybride ne se maintient qu'autant que la main humaine préside à l'ensemencement des graines. Elle ne se perpétue pas spontanément. Après avoir étudié cette hybride, M. Godron déclare que cette création, exigeant la constante intervention de l'art, manque d'un des caractères essentiels de l'espèce.

Les pruniers reine-claude ne sont pas une espèce.

On a cru voir aussi l'acquisition d'une espèce artificielle durable et spontanément reproduite dans le prunier reine-claude. Les pruniers reine-claude ne sont pas une espèce spontanément, naturellement féconde et identique. Il y a déjà bien des années écoulées depuis que cette race de pruniers existe, dans combien de vergers n'a-t-elle pas été introduite ? S'y est-elle spontanément reproduite? A-t-elle envahi nos coteaux pierreux comme les pruniers sauvages ? S'est-elle seulement établie dans nos meilleures plaines? Peut-elle se passer de la culture? de la transplantation ? de la préservation de l'abâtardissement par la greffe ? Le fruit savoureux ne se perpétue que sous la direction de l'horticulteur, et naturellement nous n'avons que les poiriers, pruniers et pommiers sauvages dont les habitations lacustres nous ont offert des fruits petits, acerbes, conformes aux anciens types.

Perpétuité des espèces dans les céréales

Les seules plantes cultivées qui se soient perpétuées depuis l'existence des monuments historiques sont celles qui sont restées identiques aux types primitifs. Les céréales dont on retrouve les tiges dans les briques des pyramides d'Egypte, les graines avec les momies sont tout-à-fait les mêmes que nos céréales actuelles. Les plantes qui se ressèment spontanément sans dégénérescence sont les seules qui aient traversé les siècles. Point de céréales nouvelles depuis 4000 ans ! Non seulement la sélection naturelle spontanée, telle que la voudrait la théorie de Darwin, n'a rien fondé de durable dans le règne végétal, mais encore ni la sélection artificielle, ni la bouture, ni la greffe, ni l'hybridation par la main de l'homme n'ont pu aboutir à la création d'une nouvelle espèce végétale. Cette impossibilité est manifeste depuis la période glaciaire et diluvienne ; car le déluge n'a été que la fin de l'époque glaciaire. Si l'on attribuait à la durée qui nous sépare de cette période le chiffre indiqué par Lyell, il y aurait bien des milliers d'années que la sélection naturelle se serait bien vainement mise en jeu. Mais en restreignant au chiffre de cinq à dix mille ans, la période actuelle, telle que les phénomènes astronomiques et géologiques l'indiquent, on aurait encore là une expérience de cinq à six mille ans qui donnerait un démenti à l'influence de la sélection végétale.

Dans le règne animal, la sélection naturelle semblerait plus facile à établir que dans le règne végétal, puisque les individus qui se conviennent le mieux, peuvent se rechercher et s'unir. Et pourtant la sélection naturelle n'a rien produit depuis le commencement de l'Ère actuelle.

(Faivre, p. 128.) L'hybridité naturelle est encore plus bornée que parmi les végétaux. Parmi les dix mille oiseaux on ne cite que des cas douteux d'hybridité entre les *tetras* et les *corneilles*, entre les *perdrix grises* et les *bartavelles*. Chez les trois mille espèces de mammifères, on n'a pu citer aucune hybridité naturelle. Le progrès dans l'organisation se montre comme une plus puissante barrière opposée à la transformation des espèces et l'analogie nous amène à conclure que l'homme est moins apte que les autres espèces à provenir d'une transformation. Déduction bien conforme à ce que l'expérience nous montre dans la séparation absolue existant aujourd'hui entre le singe et l'homme.

Par la sélection et par l'hybridation artificielles, l'homme est parvenu à former de nouvelles races animales, mais avec des imperfections reproductrices, des tendances maladives bien plus marquées encore que dans les végétaux. La tendance à la stérilité des animaux modifiés par l'homme, la vie plus abrégée et les infirmités sont choses notoires pour les monstres zoologiques créés par la main humaine.

La sélection artificielle, dont les résultats ont été si féconds en variations de races et de dimensions dans l'espèce canine, n'a pas empêché que les chiens ramenés à l'état sauvage, aient repris des allures tout-à-fait différentes de celles de la race d'où ils dérivaient pour revenir à un type commun. Les oreilles se sont redressées, et le chien sauvage devenu un féroce chasseur, a tout-à-fait oublié ses respects pour l'homme; cet animal serait une mauvaise sentinelle, ayant perdu, avec la voix, le moyen de donner l'alarme.

Après les chiens, les plus nombreuses races de pigeons ont captivé l'attention des disciples de la transformation actuelle des espèces.... Les multiples variations de taille, de forme, de plumage, des pigeons, ont été de simples changements extérieurs, bien moins remarquables que ceux des chiens, et, à travers ces variations, aucune espèce permanente n'a commencé à poindre. A cette heure, nos chasseurs n'ont abattu aucun pigeon nouveau : tous les pigeons modifiés reviennent naturellement au biset.

La sélection artificielle appliquée aux bœufs, aux moutons, aux porcs, aux lapins, aux chevaux, aux chèvres, aux vers-à-soie, a fait naître des races utiles, mais dont la stérilité, les infirmités, sont les vices communs démontrés par des accidents universellement connus.

Quel est l'éleveur qui peut ignorer la nécessité d'une alimentation améliorée exigée par les animaux perfectionnés? Abandonnés à leurs propres forces, les monstrueux bœufs Durham, les masses ignobles des porcs perfectionnés... Ils ne tarderont pas à s'abâtardir et à revenir à l'espèce primitive, ou bien ils mourront.

La stérilité se manifeste si bien que les unions devenues plus rares, plus difficiles, ne produisent que des petits réduits à un nombre plus de moitié moindre. La parturition, elle-même, devient un grave danger pour les mères, devenues plus délicates.

L'infécondité est telle parmi les étalons de ce que l'on appelle les chevaux pur sang, que les saillies du cheval ordinaire étant de deux-cents par saison, sont réduites pour ces fameux coureurs au chiffre de vingt-cinq. Les organes reproducteurs ont subi un commencement d'atrophie intérieure.

Les épizooties deviennent de véritables catastrophes pour les éleveurs de tous les animaux perfectionnés appartenant aux plus grands et aux plus petits *spécimens* du règne animal. Les maladies des bœufs et des porcs de races améliorées sont des faits trop communs pour qu'il soit besoin d'insister sur la faiblesse intrinsèque de ces transformations animales si laborieusement formées et entretenues.

Quel que soit le produit animal qu'on ait voulu développer, force, vitesse, chair, muscle, graisse, peau, laine, laitage, toujours on a eu à se tenir en garde contre les infirmités et la stérilité.

Les vers-à-soie, dont on a amélioré les cocons, diminué la consommation alimentaire, ont subi le même sort que les animaux vertébrés perfectionnés. Les maladies ont été si nombreuses, si meurtrières, qu'en Provence et en Languedoc, force a été d'interrompre ces éducations d'abord si fructueuses. Maintenant on ne peut reprendre les éducations de ces bombyx qu'en tirant à grand frais la graine des pays où les vers, moins soigneusement élevés, ont gardé une certaine dose de rusticité. Pour diminuer les influences maladives, il a fallu retourner vers l'état primordial de l'espèce.

En résumé, toutes nos sélections animales ont une tendance très prononcée vers l'anéantissement de l'espèce améliorée, et c'est là ce qui, d'après les disciples de Darwin, serait une tendance vers l'établissement d'espèces transformées plus solides !

Pour expliquer ces phénomènes trop notoires, Darwin emploie une étrange argumentation. « La stérilité, dit ce savant, n'est pas une maladie spéciale aux produits de la sélection, puisqu'elle peut se rencontrer aussi dans les

espèces normales. » Bien vain subterfuge ! La stérilité
chez les espèces bien établies est-elle comparable à la
stérilité des races améliorées par la sélection ? Chez les
espèces naturelles, la stérilité n'est qu'un rare accident ;
elle devient l'état général chez les animaux modifiés par
sélection.

Les unions hybrides aussi impuissantes que la sélection à créer une espèce.

Si la sélection ne peut pas engendrer une seule véritable espèce animale, peut-on en obtenir une par
l'union provoquée par l'homme entre des espèces différentes ?

Les unions animales hybrides ou métisses sont plus
faciles entre les animaux domestiques, plus que les
autres dociles au commandement humain.

L'homme a créé le mulet en unissant l'âne et la
jument ; le bardeau, en croisant le cheval avec l'ânesse.

L'union est aussi facile entre le buffle et la vache,
entre le bouc et la brebis. Les produits de cette dernière
union sont les chabins, que l'on multiplie surtout
dans le Chili.

Le chien, qui a si bien abdiqué sa spontanéité en
faveur de l'homme, a pu s'unir soit avec le loup, soit
avec le zèbre, l'espèce cheval s'est unie avec le zèbre et
le couagga.

Aucun des fruits de ces croisements divers n'a pu
donner une série continue, bien qu'on ait obtenu jusqu'à trois ou quatre générations consécutives de quel-
ques-uns de ces utiles hybrides.

Mais dès les premières générations, dès les premiers
degrés de métissage, la stérilité, qui va devenir définitive, s'annonce par le défaut de balancement des sexes.

Défaut de balancement de sexe dans les métis. Dégénérescence des Léporides et des Chabins.

Dans l'espèce humaine comme dans les autres espèces
naturelles, à peine le sexe masculin dépasse-t-il de 1/16
le chiffre du sexe féminin, mais sur 4 produits du chien
et de la louve, on n'a obtenu qu'une femelle : dans 19
petits d'une serine et d'un chardonneret, on n'a trouvé
que 3 femelles. (Flourens. *Ontologie*).

Les léporides, produits du lapin et du lièvre, ont été
signalés comme une espèce nouvelle ayant le privilége

d'une fécondité continue. Mais quoique M. Roux, d'Angoulême, ait obtenu dix générations de léporides, quoique M. Broca ait affirmé la création d'une espèce nouvelle, rien de stable n'a été obtenu. La mortalité extrême de ces rongeurs *métis*, leur rapide dégénérescence, sont venus confirmer le principe de l'impossibilité actuelle de créer une espèce nouvelle.

Les chabins du Chili ne se maintiennent pas mieux que les léporides ; la fécondité des mulets, du bouc et de la brebis s'arrête bientôt ; le retour aux espèces primitives est forcé.

En résumé, on ne peut signaler aucune suite *hybride* permanente, pas plus dans le règne végétal que dans le règne animal.

lité du croise-
dans une même
e, soit animale,
végétale.

Ce fait général, cette loi sont d'autant plus remarquables qu'entre les individus d'une *même espèce*, les croisements sont un progrès soutenu ; soit dans le règne animal, soit dans le règne végétal.

Ainsi, quoique les colimaçons soient hermaphrodites, cependant ils ne sont bien féconds que par la copulation réciproque de deux individus.

Dans l'espèce humaine, M. Quatrefages vient d'établir l'heureux effet du croisement des races... les mariages entre les diverses races humaines donneraient des enfants plus parfaits que leurs parents.

Dans les végétaux, on retrouve le même phénomène. Darwin a signalé, le premier, ce fait si intéressant dans les *primevères* soit du printemps, soit de Chine ; les fleurs d'un même pied ont deux formes ; les unes ont des styles courts ; les autres, des styles longs ; si l'on féconde les fleurs de deux formes différentes l'une par l'autre, on obtient deux fois plus de graines qu'en fécondant entr'elles deux fleurs de même forme.

Dans l'espèce végétale du lin, les deux formes de fleurs différentes s'établissent sur des tiges différentes : là, encore mieux que dans les primevères, se montre l'utilité de la fécondation croisée entre les deux types différents de la fleur.

Ne voit-on pas apparaître ainsi les heureux effets produits dans les visites des diverses fleurs par les abeilles, qui se couvrent de pollen comme pour le transporter d'une fleur à l'autre. La Providence semble avoir voulu inscrire la grande loi de l'association et de la réciprocité des services sur le frontispice du temple de la création organique ! Il fallait donc que le vestige de la charité se retrouvât dans les nécessités de la reproduction des êtres ! Ne voit-on pas là une éclatante confirmation de la loi chrétienne exigeant dans les unions conjugales l'absence de consanguinité !

Cette utilité des croisements dans le sein d'une même espèce est à la fois conforme à la physiologie et la négation la plus formelle du perfectionnement durable par l'effet de la sélection consanguine.

La sélection tend à hypertrophier certaines tendances héréditaires et à atrophier nécessairement d'autres éléments organiques ; la sélection consanguine trouble l'équilibre général des diverses fonctions de l'être vivant ; le croisement des individus de races distinctes rétablit au contraire cet équilibre et consolide l'édifice organique ; il assure sa durée. On retrouve dans l'utilité des croisements, dans l'unité de la même espèce, l'application de l'adage souvent répété dans les leçons publiques de Geoffroy Saint-Hilaire, la variété dans l'unité… c'était ce qu'avait énoncé St-Augustin comme le résumé des beautés de la création.

N'est-il pas étrange que la plus remarquable découverte physiologique due à Darwin se trouve dans le croisement des plantes de même espèce ? Le plus ardent apôtre de la sélection a pour principal titre scientifique une découverte confirmant l'utilité des croisements et en opposition avec sa propre thèse de la sélection dans la même race.

Si le passage d'une espèce à l'autre est actuellement impossible, il ne faudrait pas néanmoins admettre que la transition d'une organisation à une autre ne se fasse point dans une même espèce, bien au contraire, dans les développements successifs d'un même être, on trouve non seulement des changements de formes comme dans la larve, la chrysalide et le papillon ; mais on observe encore des changements complets de fonctions organiques, dont l'évolution du têtard à la grenouille offre un exemple. Le têtard a une queue comme les poissons, il respire par des ouies comme les poissons. En grandissant, l'embryon de la grenouille laisse atrophier sa queue, fait apparaître ses quatre membres et son système vertébré, avec des poumons lui donnant les honneurs de la respiration aérienne. Il y a un moment où il respire à la fois comme un poisson et comme un mammifère jusqu'à ce que, complètement adulte et devenu grenouille parfaite, il soit un vertébré complet ne gardant que les poumons comme organe respiratoire.

Dans les évolutions de tous les embryons le créateur a gravé l'empreinte des apparitions successives des diverses classes des êtres créés. La genèse du monde semble écrite dans chaque genèse particulière.

Les embryons développés dans les œufs des oiseaux, tels que les embryons des mammifères, vivent d'abord sans faire fonctionner des poumons. Leur sang se vivifie, comme pour les poissons, par l'oxygène qui leur est apporté dissous dans le liquide nutritif. Le rôle du poumon n'apparaît qu'après l'arrivée de l'être nouveau en plein air. La seule différence qui existe entre les phases des divers embryons consiste en ce que les uns achèvent leur évolution dans la vie extérieure, comme ceux des grenouilles, des lapins, des sarigues, des kangouroos ; tandis que d'autres achèvent leurs évolutions dans le sein maternel et dans la vie intérieure, comme les fœtus de la plupart des mammifères, et, enfin, comme le fœtus de l'homme lui-même.

Mais ces passages d'un mode de vie à l'autre, sont-ils de ceux dont l'homme peut être l'agent ? Sont-ils modifiables dans la période actuelle ? Nullement : ces passages sont une merveille dont nous sommes témoins, mais à laquelle nous ne pouvons pas toucher autrement qu'en produisant des monstres non viables... oui, des monstres! C'est précisément ce que nous a appris à faire Geoffroy Saint-Hilaire, qui arrêtait à volonté certaines évolutions dans les embryons des œufs. Intervertir sérieusement les lois de la génération et de la séparation des espèces est pour nous le fruit défendu : nous sommes seulement spectateurs des crises qui opèrent les séparations des espèces et des classes des êtres.

Les crises se manifestent dans la formation de la croûte terrestre comme dans les évolutions des êtres vivants : elles se montrent, soit dans les roches arenacées, poudingues et grès, soit dans les fractures. Elles appparaissent avec des intervalles de calme relatif qui sont les lentes préparations aux changements brusques. Même dans les périodes de calme relatif, telle que celle où nous vivons, les tremblements de terre, les éruptions des volcans, les apparitions de quelques soulèvements ne nous avertissent-ils pas de la permanence des forces perturbatrices du repos géologique?

Les crises dans l'organisme ne sont-elles pas évidentes ? Ne se montrent-elles pas à nos yeux et sous nos mains dans la germination, dans la fécondation et dans la mort?

Dans le règne végétal, la germination, la tige, la feuille, la fleur, la fécondation et la chute des feuilles ne sont-elles pas des périodes bien caractérisées du commencement et de la fin de chaque phase végétative ?

Dans le règne animal, les changements rapides de formes ne se montrent-ils pas dans les embryons, dans les adultes, dans les unions sexuelles et la mort ?

Ces crises deviennent surtout apparentes dans les insectes, tour à tour œufs, larves, chrysalides, papillons. Ces métamorphoses, que les naturalistes appellent le polymorphisme, sont des évolutions qui subsistent partout d'une façon, tantôt visible, tantôt secrète ; mais ces crises constituent une loi générale de la création.

On les voit, on les touche sans que l'on puisse saisir la force mystérieuse qui les produit. On signale surtout les époques de développement où ces secrets changements, lentement préparés, deviennent manifestes... ce sont les crises organiques ; comme les soulèvements des montagnes, les affaissements des vallées, les marées extraordinaires sont les crises géologiques.

Pour nier les crises il faut fermer les yeux !...

Entre les périodes des crises terrestres et les périodes des phénomènes de la vie, les relations sont bien frappantes et déjà, depuis près d'un siècle, ces coïncidences des phénomènes terrestres et physiologiques avaient été signalées par Cabanis.

Les durées des crises journalières des êtres vivants sont mises en rapport évident avec la durée du jour et de la nuit par les époques d'alimentation, de mouvement laborieux et de repos pendant le sommeil... Les durées des variations des fonctions vitales sont des subdivisions de la durée de la rotation terrestre. Les maladies elles-mêmes sont divisées par des excès et des affaissements qui se renouvellent suivant les heures du jour, ou suivant des nombres exacts de deux, trois ou quatre jours. Les fièvres intermittentes offrent le caractère périodique de la rotation terrestre de la manière la plus prononcée.

Les crises terrestres provenant, soit de la *lune*, soit du *soleil*, font de notre support matériel une caisse d'harmonie avec laquelle se mettent en concordance forcée tous les mouvements intérieurs de la vie végétative et animale. Chaque espèce vivante a son mouvement spécial synchronique avec ces mouvements généraux et avec les évolutions de notre sol. Chaque être est comme une note distincte du concert dont la tonique fondamentale est dans les mouvements terrestres. La cause physique initiale des limites des espèces et de leurs variations ne serait-elle pas dans les durées des évolutions terrestres ; et les évolutions organiques des temps anciens auraient-elles été ainsi un rapport nécessaire avec les périodes géologiques ?

De tout côté sort cette grande loi : la cause de la séparation des espèces est dans les grandes lois générales mises par le Créateur au-dessus de la main humaine et aussi de l'observation des choses visibles.

Voudrait-on insister encore en alléguant que si nous ne sommes pas témoins de la formation de nouvelles espèces nous voyons du moins s'étendre et disparaître des espèces existantes depuis la période actuelle ?

L'homme forme une espèce *particulière* parfaitement caractérisée par l'unité qui permet l'union réciproque de toutes les variétés des tribus humaines. La définition de l'espèce appliquée à l'homme établit parfaitement qu'il peut être le produit d'un seul couple primitif ; en vertu du principe de la *moindre action*, la descendance d'un seul mariage et la fraternité humaine établies par la Genèse sont pleinement confirmées par le calcul.

L'homme est non seulement une seule espèce, mais il est aussi un genre *unique*, puisqu'il n'y a pas d'hybridité possible et de fécondité bornée entre lui et un autre animal quelconque. On peut dire aussi justement : l'espèce humaine ou le genre humain.

Mais ce genre dominateur tend de plus en plus à peupler la terre et n'admettant à côté de lui que les serviteurs utiles. L'homme se chargeant de remplir tous les rôles confiés auparavant à des ministres inintelligents ; élimine successivement de la terre toutes les brutes inutiles. Les animaux que l'homme peut remplacer sont ainsi successivement exterminés, ils ne s'éteignent pas, ils sont massacrés. Est-ce que les grandes prairies nécessaires, par exemple, à l'éléphant seraient d'accord avec les cultures soignées et avec le parquage des moutons ? Est-ce que les sangliers dévastateurs, les buffles aux lourds piétinements seraient compatibles avec des récoltes régulières, avec des élevages soignés de moutons dociles ? La disparition ou plutôt l'anéantissement des animaux rebelles est donc une nécessité imposée par le développement progressif de l'espèce humaine.

Disparition 'espèces animales de l'Alsace (Charles-Grad. *evue scientifique,* 24 février 1872.) Voilà pourquoi le renne, qui habitait l'Alsace au temps de l'invasion romaine, a disparu de cette contrée. Les lions qui avaient ravagé l'Europe n'ont plus troublé ses habitants. Plus tard l'Alsace et les Vosges ont été délivrées des excursions du bœuf sauvage, du cheval sauvage, du castor, de l'élan et du daim, — aujourd'hui le sanglier et le chat sauvage sont devenus très rares. Le climat n'a pas causé ces extinctions, rien d'essentiel n'a été changé dans les conditions de la vie ; il n'y a là que l'œuvre humaine.

L'homme, le grand dominateur actuel de la terre, est investi de deux hautes fonctions exigeant son intelligence et son activité ; il faut qu'il règle incessamment la propagation et la *variabilité utile* des espèces domestiques ; et qu'il remplace, par son travail prévoyant, l'œuvre du balancement harmonique autrefois dévolue à des espèces insoumises à son empire.

CONCLUSIONS

Les considérations sur l'*unité* dans la *création* présentées en juin 1832, dans la séance Académique de la réception de Lamartine, ont été confirmées par les découvertes scientifiques postérieures à cette date, soit dans les recherches géologiques et cosmogoniques, soit dans le règne organique....

L'unité du plan du divin Créateur est dévoilée par les études faites sur les espèces organiques vivantes et sur les espèces fossiles. De l'ensemble des récents travaux scientifiques sort un éclatant commentaire des oracles bibliques. La religion n'est pas pour le savant une chaîne étroite, il faut, comme Keppler, saluer en elle un flambeau resplendissant.

Les assertions matérialistes de Lamarck et son système des transformations spontanées des espèces organiques ne résistent pas à l'examen logique le plus simple.

D'un autre côté, on démontre mathématiquement l'illusion de ceux qui croient pouvoir affirmer l'identité des forces vitales avec les forces physiques et chimiques.

C'est bien à tort que des hypothèses récemment exhumées tendraient à faire sortir du phénomène bien connu de la *variabilité actuelle* des espèces organiques, la cause suffisante de la formation d'espèces nouvelles.

Le caractère fondamental de l'espèce végétale ou animale est, non point dans la variation extérieure des formes, mais dans l'élément essentiellement intérieur qui assure la transmission *libre, continue, naturelle* de la vie.

Les variations de plantes et d'animaux obtenues et par sélection et par hybridation ou métissage, aboutissent, dès que la main humaine se retire, tantôt à la stérilité et à l'anéantissement, tantôt au retour aux espèces primitives.

Tous les changements obtenus, soit dans la race d'animaux, tels que les chiens, les bœufs, les porcs, les chevaux, les moutons, les lapins, les pigeons ; soit dans les fleurs, les fruits et les racines des plantes cultivées ne tendent qu'à présenter de véritables monstres incapables de se perpétuer naturellement avec les modifications que l'art humain leur a fait subir.

A ce point de vue, les assertions de Darwin sont entachées de beaucoup de nuageuses équivoques, d'exagérations et d'erreurs qui placent ce savant bien au-dessous de Cuvier, de Geoffroy Saint-Hilaire, de Flourens et de Claude Bernard. Darwin n'est qu'un médiocre inventeur. On ne peut admettre les assertions de ses disciples dans la grave question de l'origine *simienne* de l'espèce humaine. Quand même, on trouverait des fossiles intermédiaires entre l'homme et le singe, jusques ici cherchés en vain, il demeurerait établi *qu'actuellement* le passage du singe à l'homme est tellement impossible que le métissage entre les deux espèces est *aujourd'hui* d'une impuissance radicale.

Les espèces sont, depuis la période glaciaire et diluvienne, parquées dans des limites infranchissables de l'une à l'autre. Comme les notes d'une mélodie musicale dont on ne peut altérer les tons sans tomber dans les dissonnances et sans briser les cordes vibrantes. Sans doute, en vertu du principe général de la *moindre action*, partout appliquée dans le monde ; le Créateur a voulu passer d'une espèce à l'espèce supérieure, mais pour franchir l'intervalle d'une espèce à l'autre, il faut considérer la variabilité actuelle des espèces, comme une différentielle *infiniment petite* dont on n'atteint l'*intégrale* que par l'intervention de l'*infiniment grand*.

L'*infini*, toujours en action, est le dernier mot de l'énigme du monde physique, du monde vivant et de la créature intelligente et LIBRE.

C'est donc en Dieu qu'il faut placer la cause de la transformation des espèces et répéter la sublime formule de St Paul : par LUI nous avons l'*existence*, le *mouvement* et la *vie*.

NOTES

UNITÉ DES PHÉNOMÈNES DE L'ATMOSPHÈRE DU SOLEIL ET DES PHÉNOMÈNES TERRESTRES.

La plus inattendue de toutes les coïncidences récemment constatées par la science est l'identité des lois, des variations des taches du soleil avec les périodes des variations du magnétisme terrestre. Qui jamais eût pensé que les faibles mouvements journaliers angulaires de l'aiguille aimantée seraient la fidèle reproduction des changements de la surface du soleil et de la variation d'éclat de quelques étoiles !

Il est maintenant établi, par des observations incontestables, que les taches solaires sont un phénomène périodique dont les phases ont une durée moyenne de 4,058 jours, c'est-à-dire de 11 années 1/9. Après chaque révolution de 4,058 jours, les taches reparaissent avec leurs phases de *maximum* et de *minimum* d'intensité.

La différence entre deux périodes consécutives, l'une plus longue et l'autre plus courte, est de 456 jours. Il y a de perpétuelles oscillations dans l'étendue des taches.

La distance entre deux *maxima* contigus est de 228 jours, durée égale à la moitié de la précédente et correspondant à une révolution complète de Vénus autour du Soleil, avec un approximation de un centième et demi.

Depuis les remarquables travaux de Schwabe, de Munich ; de Wolf, de Zurich ; de Sabine, de Lamont, la grande révolution générale de 4,058 jours est fidèlement reproduite par les variations de l'aiguille aimantée, avec des oscillations exactement de mêmes durées que celles des oscillations des taches solaires. Tous les *maxima* et *minima* des variations magnétiques diurnes correspondent si bien aux phénomènes des taches solaires, que l'on peut calculer d'avance les mouvements annuels de l'aiguille aimantée sur la base fournie par les phases de la surface de l'astre lumineux. Tous les détails se reflètent si bien sur la terre et sur le Soleil, que la révolution moyenne des taches du Soleil, de 26 à 27 jours, est reproduite par une courte période de 27 jours 1/3 dans les variations de déclinaison, d'inclinaison et d'intensité horizontale de l'aiguille aimantée. Les orages magnétiques dénoncés par les perturbations de l'aiguille aimantée sont les signes certains des aurores boréales et australes, et correspondent aux variations brusques des taches du Soleil.

(Description géologique, p. 149.) Dans la *Géologie du Var*, publiée en 1856, j'ai fait ressortir les coïncidences des principales directions des soulèvements de la Provence avec les positions dominantes des lignes magnétiques de cette contrée.

Plus tard, le colonel d'artillerie Pariset a calculé le mouvement du pôle magnétique boréal et montré que le foyer de circulation de ce pôle est auprès du détroit de Behring. Le centre de symétrie des continents terrestres, c'est-à-dire le lieu autour duquel rayonnent les grandes lignes des soulèvements, se confond avec le principal centre des lignes magnétiques.

La coordination des directions magnétiques terrestres parait donc s'identifier avec la coordination des soulèvements, pour nous fournir les principaux éléments de la configuration du globe.

En définitive, des taches solaires au magnétisme, du magnétisme aux soulèvements, des soulèvements à la figure de la surface terrestre, voilà un enchaînement bien remarquable ! Il y a donc des liens bien étroits entre la figure changeante du Soleil et les phénomènes les plus intimes de notre terre ! Et tout cela se rattacherait aux grandes marées extérieures et intérieures causées par les révolutions des planètes autour du Soleil ! De plus en plus se manifeste cette dernière conséquence : les traits de notre terre sont l'empreinte des mouvements du Ciel.

DARWINISME.

Quel est le principe fondamental de ce que l'on est convenu d'appeler le Darwinisme ? C'est le système de la transformation *spontanée* et *continue* des espèces vivantes ; de la cellule organique la plus simple, jusques aux animaux les plus intelligents, et de ceux-ci jusqu'à l'homme, il n'y aurait qu'une série d'évolutions aussi forcées que celles du germe de l'œuf, à la larve ; de la larve, à la chrysalide et de la chrysalide au papillon. On déduit aisément de cette théorie que l'homme vient du singe. Quelques partisans de Darwin ont beau se récrier contre ces extrêmes déductions , la logique ne permet pas de s'arrêter à mi-chemin dans cette voie qui mène d'erreur en erreur jusqu'à l'extrême absurdité... C'est précisément... la fausseté palpable de ses conséquences qui est un des arguments décisifs contre le Darwinisme.

Quoique le Darwinisme ne soit que la reproduction du système de la mutation des espèces , tel que M. Flourens l'a combattu depuis 1836 jusqu'à la fin de sa carrière scientifique , tel que Cuvier l'avait victorieusement attaqué dès 1812, néanmoins c'est toujours la même hypothèse que l'on a rajeunie sous le nom de Darwinisme. Le savant doyen de la Faculté de Lyon, M. Faivre, l'illustre professeur de Quatrefages ont repris les armes de Cuvier et de Flourens et y ont ajouté de nouveaux instruments de combat approuvés par tout ce qu'il y a de plus éminent dans l'aréopage scientifique, appelé l'Institut de France.

Néanmoins M. Karl Vogt, de Genève, persiste dans ses aberrations Darwiniques et carrément matérialistes.

Les Mondes,
9 février 1872.

« Démontrer, dit-il, qu'il n'y a pas de place ni *dans le monde or-*
« *ganique* ni *dans le monde inorganique* pour une force tierce indé-
« pendante de la matière et pouvant façonner celle-ci suivant son
« caprice ou son gré, tel est, ce me semble, le véritable noyau de ce
« que l'on est convenu d'appeler le Darwinisme..... Avec Brown
« Séquard, nous décapitons un animal, nous le faisons *mourir com-*
« *plètement* (sic). Mais après cette mort, nous injectons dans la tête
« du sang d'un autre animal de même espèce , battu et chauffé au
« degré nécessaire. Cette tête rouvre ses yeux et ses mouvements
« nous PROUVENT que son cerveau , organe de la pensée, fonc-
« tionne de nouveau et de la *même manière, comme avant la déca-*
« *pitation.* »

M. Charles Martins, de Montpellier, a reproduit et édité sous sa propre responsabilité, dans la *Revue des Deux Mondes*, les inductions de M. Karl Vogt : inductions conformes aux étranges expositions exprimées en public par Mᵐᵉ Clémence Royer.

Comment la nécessité de la matière, objet des calculs mathématiques, produit-elle ce qu'elle ne contient point , la *spontanéité* des mouvements et la liberté des déterminations ? C'est là ce que ces matérialistes Darwinistes ne pourront jamais faire sortir scientifiquement de leurs formules.

La rigueur des axiômes de la SCIENCE est foulée aux pieds des élèves de cette école, tirant hardiment d'une formule ce qu'elle ne contient point.

Entrons dans le cœur de la question. Quel est l'élément essentiellement vital d'un être vivant ? Qu'est-ce que l'*anima* d'un animal ?

Ce n'est point la matière dont est formé un animal qui constitue son identité…, puisque cette matière d'os, de chair et de sang varie perpétuellement. Sans cesse les os se décomposent, leur matière s'échappe pour faire place à une autre matière, la chair, le sang s'écoulent en diverses secrétions. Une autre chair, un autre sang leur succèdent… Après quelques années, le même animal ne renferme plus aucune des particules d'hydrogène, d'oxygène, de carbone, d'azote, de carbonate et de phosphate de chaux qui l'avaient d'abord constitué. La matière d'un animal se renouvelle incessamment, comme l'eau du fabuleux tonneau des Danaïdes. L'identité de l'animal ne réside donc pas dans sa partie matérielle.

S'il était vrai qu'un animal *décapité*, injecté d'un autre sang, pense comme auparavant, le fait cité par Karl Vogt concourrait encore à prouver que l'identité, l'animalité ne résiderait point dans les particules matérielles du corps animal.

Dira-t-on que l'identité animale réside dans l'arrangement des parties matérielles. Il en résulterait que l'animal, dans sa croissance, dans son dépérissement, ne serait jamais un même animal. Que la larve et le papillon ne formeraient jamais le même animal.

Enfin, l'arrangement des parties pourrait-il faire naître la spontanéité, la liberté évidente des allures d'un animal ? Toutes les combinaisons possibles de forces brutes peuvent-elles faire naître autre chose que des résultantes brutes elles-mêmes ? Pour la transformer, il faudrait faire intervenir une force transformante, celle-ci s'appellerait la *force vitale*.

Toutes les considérations démontrent l'erreur fondamentale du Darwinisme ou plutôt du matérialisme ; du matérialisme à la vie, il y a l'infini, et de la vie physiologique à la vie libre de l'âme humaine il y a l'infini encore….. Si le corps humain a ses exigences, est-ce que la volonté qui surmonte ses appétits naturels n'est pas supérieure à la vie animale ? Quel est l'homme dont l'énergie morale ne parvient pas à dominer une partie de ses tendances charnelles ?

L'animal est une force vitale et l'homme est une âme libre.

Le Darwiniste ne s'est pas contenté d'attribuer à la molécule vivante le pouvoir infini de Dieu, il n'a pas su reconnaître cette merveille de tous les jours, qui fait attacher à chaque instant les propriétés vitales aux corps bruts que s'assimile le corps vivant… Il n'a pas démêlé ce miracle de tous les jours, la naissance d'un être vivant !

Darwin n'a jamais désavoué les conséquences de la doctrine qui, par les sélections naturelles, établit un lien de filiation entre l'homme et les êtres placés aux degrés inférieurs de l'échelle de la vie. Il y avait pourtant une distinction qui semblait toujours séparer trop nettement les hommes des animaux… C'était le principe de la morale humaine, c'était l'idée du devoir, du mérite et du démérite établissant une distance incommensurable entre l'homme et les êtres dominés par les lois fatales de l'instinct.

Pour mieux applanir le passage entre l'homme et les bêtes , il a paru convenable de rapprocher les idées des devoirs sociaux humains, des pratiques suivies dans les sociétés animales.

« Si les abeilles, dit Darwin, tuent les époux de leur reine quand « ils sont devenus des bouches inutilement consommatrices de la « subsistance commune..., c'est là la morale sociale d'une ruche, où « l'utilité passe avant toutes les considérations de la pitié et des ser-« vices rendus.

« Peut-être, ajoute Darwin, serait-il possible que dans une société « d'hommes on eût à appliquer une morale semblable à celle de la « ruche. »

On pourrait donc sans remords massacrer les individus réputés inutiles. Les vierges par dévouement ou par tempérament, les individus maladifs ou usés par leurs services antérieurs . n'auraient alors qu'à se bien tenir ; comme une épée de Damoclès , la morale Darwinienne suspendue sur leur tête les menacerait d'anéantissement et l'application de cette morale deviendrait un devoir public ! Voilà où la sélection amène Darwin ! Faut-il rire ou faut-il s'indigner ?

Faut-il inscrire au frontispice du droit international de Bismarck , l'adage Prussien : *la force prime le droit* ; et en tête de notre Code de morale le principe Darwinien : *le brutal égoïsme est la règle du devoir ?*

DIVERS MODES DE REPRODUCTION DES ÊTRES VIVANTS.

La ressemblance est parfaite entre les modes de reproduction des animaux et des plantes.

Les végétaux se reproduisent ou par *graines* ou par *bourgeons,* ou par séparation d'une partie quelconque , une bouture devenant ensuite un végétal nouveau et complet, ce dernier système est celui appelé la segmentation.

Dans les animaux, nous avons la reproduction la plus générale établie par des *œufs,* qui sont les analogues des *graines.*

Les œufs font naître par incubation un être plus ou moins développé. Lorsque le fœtus se développe dans un œuf contenu dans la mère, la naissance met au jour un être visiblement animé, la mère engendre d'une manière apparente un être vivant, elle est *vivipare* ; c'est le cas des mères munies de mamelles. Dans les oiseaux, les poissons et les insectes, les mères produisent des œufs , elles sont *ovipares*. Entre les *vivipares* et les *ovipares* le point de dissemblance consiste dans l'incubation *intérieure* de l'œuf chez les *vivipares* ; dans l'incubation *extérieure* chez les *ovipares*.

Comme les arbres, le polype se multiplie par des *œufs* , par des *boutures* et par des *bourgeons* ; il donne des œufs en automne et des bourgeons en été.

Les mollusques, comme certains végétaux, ont leurs sexes séparés dans quelques espèces ; dans d'autres, les deux sexes sont juxtaposés, ceux-ci sont *hermaphrodites*.

La séparation des sexes sur deux individus est une perfection , comme la division du travail est une condition du progrès industriel.

Enfin, il y a des générations *alternantes* , comme dans les pucerons : *vivipares* en été, *ovipares* en automne.

Il y a des naissances d'individus *isolés* dans les mollusques *salpa*. et dans les mêmes mollusques des naissances d'individus *agrégés*. Les individus agrégés rappellent les fleurs d'un arbre, fleurs représentant, chacune, une *individualité séparée*.

Si de ces rapprochements, dans les deux règnes végétal et animal , nous descendons à l'étude des œufs et de leurs développements. Nous aurons d'autres merveilles à admirer.

Un œuf se compose d'un germe appelé *cicatricule*, d'une provision alimentaire dite le *jaune* et d'un blanc d'œuf, *albumine* destinée à dissoudre le jaune pour le faire servir à nourrir l'embryon du poulet. L'embryon ne peut vivre et se développer que par l'air qui lui arrive à travers les pores du gros bout de l'œuf. L'embryon respire constamment.

Si l'on empêche l'accès de l'air en couvrant de cire une portion du gros bout de l'œuf, il y a arrêt de développement dans des parties du jeune poulet. On fait naître un monstre.

Lorsque rien n'entrave l'évolution de l'embryon de l'œuf, l'animal se nourrit d'abord de liquide comme certains animaux aquatiques , mais , en se développant , il perd peu à peu sa doublure d'animal aquatique, pour devenir, enfin, au moment de la sortie de l'œuf, animal aérien. Il y a dédoublement dans tous les embryons, comme dans les larves, changeant progressivement de peau, puis devenant chrysalide en abandonnant l'enveloppe de larve et par dédoublement se changeant en papillon. L'estomac atrophié de l'insecte ailé, ne peut plus élaborer une alimentation quelconque ; à la larve vorace s'est substituée , par dédoublement , le papillon dédaigneux de toute *nourriture solide* ; celui-ci est débarrassé du poids de l'aliment pour mieux voler vers sa compagne et n'avoir d'autre mission que les attraits de l'union fécondante ; puis la femelle s'empressera d'aller déposer les œufs dans le calice des fleurs. Comment le papillon choisit-il si bien la fleur du fruit qui doit nourrir la jeune larve qui sortira de l'œuf ?

Dans chaque œuf, la nourriture intérieure est parfaitement mesurée sur les besoins de l'embryon ; et chaque larve trouve dans le fruit, développé avec elle, la nourriture appropriée à sa nature. Partout il y a l'exacte correspondance du but et du moyen.

Toutes les métamorphoses, comme toutes les quantités et toutes les qualités d'aliment, sont mesurées et choisies pour satisfaire aux besoins de l'animal dans toutes les phases de sa vie. Comment le papillon devine-t-il dans la fleur le fruit encore inaperçu qui pourra le mieux nourrir les larves de ses œufs ? C'est là encore une de ces mystérieuses harmonies que nous ne savons pas assez admirer parce qu'elles sont toujours sous nos yeux !

NOTE SUR LA FÉCONDITÉ.

La domesticité dans les animaux peut, comme la taille chez les arbres de nos vergers, accroître la fécondité.

<table>
<tr><td>{</td><td>La chienne domestique porte deux fois par an.</td></tr>
<tr><td>{</td><td>» sauvage » une »</td></tr>
<tr><td>{</td><td>La truie domestique, deux portées, 15 à 20 petits.</td></tr>
<tr><td>{</td><td>La laie » une portée. 8 à 10 »</td></tr>
</table>

Le lapin domestique peut avoir douze portées.

La domesticité de la race vulgaire accroît donc la prolification au bénéfice de l'homme, pourvu que celui-ci ne veuille pas exercer son influence sur la race améliorée.

Autrement, il perd en quantité, ce qu'il a gagné en qualité. Nous avons donc les animaux de boucherie, les animaux de toison, les animaux de course, les animaux de force et les animaux de propagation.

Mais dans ces derniers, eux-mêmes, apparaît la loi de la limite de la variabilité.

Les animaux dont la fécondité est extraordinaire, anormale, vivent moins que ceux dont la prolification ne dépasse pas les chiffres ordinaires.

Les poules qui pondent un œuf *chaque jour*, celles surtout qui donnent deux œufs par jour, vivent d'autant moins qu'elles sont plus fécondes.

Quel est l'horticulteur qui ignore la brièveté de la vie des arbres chargés plus abondamment de beaux fruits ? Pour tous les êtres vivants, la fécondité excessive aboutit à l'épuisement et à la mort.

Nota. — Dans l'énumération des faits que je vais maintenant exposer pour établir le principe de la permanence des espèces, je ferai de larges emprunts au très remarquable travail publié sur le même sujet par M. Faivre, doyen de la Faculté des Sciences de Lyon. Sa publication, faite en 1868, n'a qu'un défaut, celui d'avoir une allure trop modeste.

DES CROISEMENTS ENTRE ESPÈCES DIFFÉRENTES.

(Flourens, p.154)
Ontologie.

La proportion des sexes dans les hybrides est changée de manière à faire prédominer les mâles et à limiter la reproduction.

Il naît dans l'espèce humaine un seizième de mâles de plus que de femelles, et on verra dans la suite qu'il en est de même dans toutes les espèces d'animaux sur lesquelles on a pu faire cette observation. Ce balancement du sexe se reproduit avec cette faible variante sur les autres espèces pures.

Mais sur les espèces mixtes, les mâles prédominent beaucoup plus, et le nombre de femelles est bien plus restreint. Sur quatre produits d'un chien et d'une louve on ne trouvera qu'une femelle (1/4 de femelles), sur 19 petits d'une serine et d'un chardonneret on ne trouvera que 3 femelles, 1/6 seulement du total.

Sur 294 petits, dit Flourens, je n'ai obtenu que 133 femelles, soit 45 p. 0/0.

Le nombre bien plus restreint de femelles dans la sélection hybride ne montre-t-elle pas une autre limitation de la propagation du métis obtenu ?

La proportion ordinaire des deux sexes est ici limitée de manière à restreindre le mieux possible la prolification. Pour que la prolification fut très rapide, il faudrait qu'il se formât plus de femelles que de mâles. C'est précisément le phénomène contraire qui résulte des unions hybrides.

La fécondité des hybrides est incontestable, mais elle n'est ni *complète*, ni *régulière*, ni *naturelle*.

aivre, p. 134.)

Naudin n'a obtenu, dans les plantes de Primevère, que 2 générations hybrides consécutives.

Dans les Luffa et les Tabacs, 3 générations hybrides consécutives.

Dans la Linaire, 5 générations hybrides consécutives.

Chez les animaux, Buffon et Flourens n'ont jamais pu dépasser, du chien et de la louve, le nombre de quatre générations métisses. Du chacal et du chien, dont les squelettes sont presques identiques, on a obtenu quelques générations métisses de plus qu'avec le chien et la louve.

De l'alpaca et de la vigogne, on obtient des résultats pareils au précédent.

De l'âne et du cheval, les métis sont improductifs entr'eux dès la première génération. Il n'est jamais né un petit d'un mulet et d'une mule ; la mule peut s'unir à l'âne, mais alors on retourne rapidement à l'espèce âne.

urens. *Ontologie* p. 35.)

En résumé, parmi tous les êtres vivants, *végétaux ou animaux, le croisement des espèces n'a jamais produit une espèce nouvelle.*

avisme limite la variabilité.

La tendance au retour des espèces primitives, c'est-à-dire, à la reproduction des premiers parents, porte le nom d'*atavisme*, et cette tendance vient sans cesse arrêter les effets de l'hybridation.

On signale comme manifestation de l'atavisme dans les hybrides :

1° La disjonction des caractères ;

2° La réversion spontanée aux types primitifs ;

3° Les variations désordonnées.

xemple de la va- ion désordonnée les végétaux et animaux, rappe- sans règle ap- iable, les espè- parentes.

La disjonction des caractères se présente dans le cytise d'Adam, produit du cytise pourpré et du cytise labour, et offrant le mélange des feuilles, des fleurs, des pétales des deux espèces parentes.

L'hybride du citronnier et de l'oranger offre des *citrons* et des *oranges.*

vre, p. 121 et 122)

Mais en unissant les hybrides, d'après Naudin, on revient aux types.

M. Naudin, ensemençant les graines de l'hybride *Datura Tatula* et de *Datura Stramonium*, voit reparaître le *Datura Tatula.* Sur les *Primevères*, les *Daturas*, les *Tabacs*, les *Pétunias*, les *Luffas*, les *Linaires* ; les hybrides semés avec soin, ont manifesté le retour aux types originaux. Buffon observait aussi l'*atavisme* dans les animaux quand, unissant deux hybrides du chien et de la louve, il obtenait un des descendants rappelant le type *de la louve.*

La variation désordonnée est la reproduction confuse, irrégulière des deux types primitifs ; ainsi, l'hybride du *Datura Levis* et du *Datura Ferox* donne par ses graines des *Daturas* de chacune des espèces primitives.

sélection dans même espèce entre deux espè- différentes, abou- toujours, au re- aux espèces pri- ves.

Même observation dans le règne animal. *L'accouplement des métis animaux,* écrit M. Sanson, *est toujours aléatoire, il y a une variabilité désordonnée,* qui reproduit les deux espèces parentes.

Que l'on cherche à modifier une espèce par sélection appliquée sur les variations de ses produits propres, qu'on pratique une sélection plus hardie par le métissage, entre espèces différentes, toujours apparaît la barrière qui sépare absolument pour nous les espèces existantes et les maintient dans leurs domaines distincts par l'hérédité continuée naturellement.

———

TENDANCE A LA STÉRILITÉ DANS LES PRODUITS
DE LA SÉLECTION.

———

(Faivre, p. 93.)

Limites de la variabilité des espèces.

Ce qui manque le *plus aux suites artificielles* obtenues par la *sélection, c'est l'aptitude à la propagation*, le type obtenu par la main de l'homme *est altéré dans ce qu'il y a de plus essentiel, la puissance d'engendrer* et de *transmettre la vie*.

Les chevaux de course anglais sont à la fois moins féconds et plus facilement atteints par les maladies.

Ceux qui ont couru sont des reproducteurs médiocres.

Les étalons ordinaires peuvent faire 200 saillies par saison, ceux de demi-sang ne peuvent donner que 30 à 60 saillies, les purs sang ne donnent que 12 *à* 15 *saillies*... La *force reproductrice* des chevaux perfectionnés n'est donc que le *onzième* de celle des chevaux ordinaires.

Même phénomène chez les moutons, les bœufs et les porcs améliorés.

Les moutons perfectionnés pour la boucherie n'ont qu'une fécondité réduite à la *moitié* de la prolification des moutons ordinaires.

L'agnelage des moutons dont la laine est améliorée offre aussi des difficultés et une infériorité de quantité de produits.

L'infécondité des vaches et des taureaux chargés de chairs flasques et de graisses entassées, la difficile reproduction du Durham, leur précoce vieillesse, leurs dispositions maladives, sont bien connues. Les épizooties sont, parmi cette race perfectionnée, bien plus funestes.

Les porcs perfectionnés ne donnent, par an, qu'une portée de trois à huit petits. Les porcs sauvages offrent, par an, deux portées de huit à douze petits. La fécondité des races perfectionnées est réduite au *quart* de la prolification du type ordinaire. L'excessive graisse est une véritable maladie, et une maladie mortelle.

Les plantes offrent des résultats analogues.

stérilité dans les plantes cultivées.

« *La stérilité*, dit Lindley, l'illustre botaniste, *est une maladie ordinaire aux plantes cultivées.* »

Chez les pommiers, les poiriers, dont les fruits sont précoces et succulents, l'altération va jusqu'à l'avortement complet.

La *belle sans pepins*, la Bérgamote de *Ganzel* ou de *Chaumontel* ont des fruits absolument ou presque *absolument dépourvus* de graines.

Quelques *nèfles*, plusieurs races de raisins se caractérisent par l'avortement des graines.

Les *pommes de terre*, dont on a développé avec excès les tubercules, sont frappées de stérilité.

Plusieurs races de jacinthes deviennent impuissantes à se produire par *caïeux*, et le *lis blanc* ne peut plus mûrir ses graines.

Les praticiens éminents comme Sageret, Poiteau, Knight, Humphry, Davy, Puvis, déclarent que les multiplications répétées par marcotte, par boutures, portent atteinte à la fécondité.

Les poiriers comme le *Saint-Germain*, le *Doyenné*, le *beurré gris*, les pommes telles que la *calville blanche*, la *reinette du Canada*, la *peau de vache*, la *reinette grise de Dieppedalle*, ont dégénéré sous l'influence de la propagation artificielle ; les *fraisiers*, la *canne à sucre*, les *peupliers* d'Italie et les *saules* ont donné lieu à la même remarque.

dégénérescence des fruits.

L'habile pomologiste de Rouen, de Boutteville, conclut que la dégénérescence des fruits n'est explicable ni par l'épuisement du sol, ni par l'altération du climat, ni par la vieillesse, ni par une pratique vicieuse de la greffe, ni par la maladie. L'histoire et l'*expérience le conduisent à cette* conclusion que les *races végétales, propagées avec trop de continuité par division* (sélection) *artificielle, peuvent dégénérer et s'éteindre.*

Les changements de climat, au lieu de produire des espèces nouvelles par sélection naturelle, amènent souvent l'infécondité. Le pêcher, le poirier et la vigne, introduits aux Antilles, ont acquis un feuillage luxuriant et la splendeur de leur verdure a anéanti leurs utiles fructifications.

Ainsi, le changement des conditions d'existence extérieure ne sont pas, actuellement, plus aptes que la main de l'homme à faire naître, par sélection naturelle ou artificielle, des espèces nouvelles.

Non-seulement les races végétales ou animales créées par l'homme tendent à la stérilité ; mais lorsque la main de l'homme se retire, ces races reprennent leurs caractères généraux et primitifs.

Les pigeons du *colombier*, qui redeviennent sauvages, retournent à la conformation du *biset*. Le *porc*, abandonné à la vie libre, est redevenu le *sanglier*. Le *chien* perd la voix et se fait chasseur pour son compte. La vache, affranchie de la tutelle de l'homme, perd son lait rapidement et retourne au type primordial.

4

Même effet sur les plantes potagères. « Si la culture, disait le cé-
« lèbre botaniste Lindley, abandonnait, quelques années seulement,
« ses soins artificiels, toutes les variétés annuelles de nos jardins
« disparaîtraient et seraient remplacées par quelques formes typiques
« et sauvages. »

Les graines provenant des beaux fruits perfectionnés, ne reproduisent que des fruits plus imparfaits et de plus en plus rapprochés
des fruits petits, âpres et rustiques. Ne sait-on pas que la greffe et la
greffe répétée de la variété sur elle-même est le meilleur moyen de
conserver et de développer les races améliorées de nos vergers ?
Pourquoi ? Parce que la reproduction naturelle par semences est
souvent inféconde, et lorsque la semence est prolifique, elle fait retour aux espèces sauvages.

Non-seulement les espèces métisses ne se maintiennent pas longtemps, mais encore les premiers métis éprouvent de grandes difficultés
à se produire.

Malgré les floraisons simultanées de plusieurs végétaux, malgré
l'influence des vents véhicules du pollen, les hybrides des plantes
n'ont pu produire, jusqu'à présent, aucune espèce permanente, et la
plus *grande sélection* porte l'atteinte la plus grave à la *vitalité.*

La durée des arbres fruitiers est d'autant plus abrégée que les
produits ont été plus perfectionnés par la main de l'homme.

« Les arbres, disait le célèbre jardinier Noisette, dont la greffe a le
« plus d'effet sur le développement du fruit, vivent beaucoup moins
« longtemps que les autres. »

La pomme venue sur *paradis* est la plus grosse, l'arbre ne vit que 25
ans ; celle venue sur *doucin* est moins grosse, l'arbre est plus vigou-
reux ; celle venue sur *franc* est moins grosse encore, l'arbre vit
jusqu'à 125 ans ; celle produite sur le *Sauvageon* est la plus petite,
l'arbre vit 200 ans ; ainsi l'arbre dont le fruit est le plus acerbe et le
moins développé, le plus rapproché de l'état naturel, vit *huit fois*
plus que l'arbre porteur des fruits les plus améliorés.

(Noisette, Traité de jardinage, t. ii.)

La greffe est une espèce de bouture qui porte la sélection végétale
à sa plus haute manifestation. Cette sélection, la plus exaltée de
toutes, au lieu d'avoir fait naître une plante mieux constituée et plus
sérieusement apte à constituer une nouvelle espèce, porte atteinte à
la vie intime du végétal.

La greffe fait naître au point d'insertion un bourrelet, indiquant
l'accumulation de la sève sur le point où sa libre circulation vient de
rencontrer un obstacle. La greffe ne produit ses plus beaux résultats
sur les fruits que par une gêne imposée à la vie naturelle. Si le bourrelet de la greffe touche le sol et peut développer des racines, la
partie du végétal transformée devient moins plantureuse, la beauté
des fruits diminue.

On trouve dans les plantes à greffer la nécessité de respecter les affinités des plantes que l'on veut établir en rapport immédiat. Mais quelquefois les ressemblances extérieures ne sont pas les signes des plus intimes affinités. Ainsi, le cognassier a des fruits plus différents du poirier que le pommier ; cependant la greffe du poirier réussit mieux sur le cognassier que sur le pommier.

Le prunier est plus difficile à greffer que le poirier et le pommier. Néanmoins, la beauté des fruits du prunier ne s'obtient que par la main de l'homme. Le prunier sauvage, avec ses fruits exigus et d'une extrême âpreté, se maintient, se propage naturellement dans les campagnes, tandis que les diverses variétés de prunes se ressèment d'autant moins facilement que les fruits appartiennent à de plus belles variétés et à des fruits plus charnus. Quoique la belle variété de prune reine-claude donne des semences fécondes, il faut encore la maintenir par la main de l'homme.

La conclusion générale de toutes les observations faites sur la transformation des animaux et des plantes est que la reproduction et la vitalité des espèces ont été diminuées d'autant plus que la transformation a été plus avancée.

ESPÈCES DE L'ANCIENNE ÉGYPTE.

Toutes les espèces anciennes de l'Egypte sont identiques aux espèces actuelles.

Les momies offrent, non-seulement les traits des hommes et des femmes contemporains, mais encore la même taille.

M. Silbermann, conservateur au Musée des Arts-et-Métiers, avait déjà constaté en 1860 que la taille moyenne de l'homme Égyptien était de 1^m.66 et celle des Égyptiennes 1^m.55, ce sont les chiffres de la taille moyenne actuelle. Les mêmes résultats, je les ai vérifiés moi-même sur les nombreuses momies réunies dans l'exposition Égyptienne de l'année 1867.

Les animaux principaux, représentés, soit par des peintures et des gravures, soit par des momies, ont offert les mêmes coïncidences, soit à la Commission Scientifique d'Egypte de l'année 1799, soit à Cuvier. On trouve l'identité de l'*ibis*, du *vautour*, du *faucon*, de l'*oie d'Egypte*, du *râle* de terre, du *vanneau* parmi les oiseaux anciens représentés, comparés aux oiseaux contemporains.

Parmi les mammifères, on a retrouvé l'*hyppopotame*, la *roussette* d'Egypte, la *girafe*, le *lion* mâle, le *bœuf*, deux singes : le *grivet* et l'*hamadryas*.

Parmi les sauriens, le *crocodile*.

Parmi les poissons, le *béchir*.

Parmi les insectes, Latreille a déterminé :

La *pilulaire* sacrée, le *scarabée* à deux cornes et l'*abeille* domestique.

Journal l'Institut,
24 octobre 1866.

Après les identités animales qui viennent d'être énumérées, se placent les identités végétales.

Dans la Pyramide de Dashour et les ruines de Ramsès, remontant à 3500 ans avant l'année actuelle, les briques ont offert au professeur Unger des débris de pailles et de tiges permettant de reconnaître :

Le *chénopode* des murs, le *radis*, le *chrysanthème* des moissons, le *lin*, le *teff*, le *pois*, l'*orge* et le *froment*.

Le comte de Sternberg a semé des graines de cette dernière céréale recueillies dans une momie : elles ont germé après tant de siècles et le végétal développé s'est trouvé identique au *froment commun à épis lâches, mutiques, blancs et glabres.*

De Candolle, *Géographic-Botanique.*

(Kunth *Annales des sciences naturelles,* série 8, p. 415.)

(Faivre 168.)

Le *lotos* et le *cyperus papyrus*, le *datier*, le *palmier doume*, l'*oranger*, le *grenadier*, la *vigne*, le *ricin*, le *genévrier de Phénicie*, le *figuier*, l'*accacia de Farnèse*, ont permis à Kunth d'affirmer la parfaite filiation, sans changement, des plantes actuelles, issues des plantes anciennes de l'Egypte.

Les longs efforts de sélection de l'ancienne civilisation n'ont donc produit aucune altération dans les plantes placées sous la main de l'homme le plus anciennement civilisé et avec le sol et le climat les plus exceptionnels.

Lamark, membre de la Commission d'Egypte, fut obligé de confesser l'exactitude des déductions de faits si contraires à sa doctrine.

En vain croyait-il se défendre en alléguant l'absence de variation du climat Égyptien ; mais alors, pourquoi le blé Égyptien serait-il exactement le même que celui cultivé en Europe dans la brumeuse Bretagne, dont le climat contraste si bien avec la pure et chaude atmosphère de la basse vallée du Nil ? La persistance du froment, dans des conditions si différentes, prouve la solidité de cette espèce de céréale.

L'Egypte n'apporte-t-elle pas une bien remarquable vérification à la thèse de la conservation des caractères des espèces, depuis l'homme jusques aux animaux et aux végétaux les plus exposés à subir les variabilités de la culture ou de la domesticité ?

Remontons en Europe, à la période glaciaire, et reconnaissons avec Heer, de Zurich, aux bords du lac de ce nom, dans une tourbière, au milieu de galets striés provenant des anciens glaciers, le pin *sylvestre*, le *bouleau*, l'*érable*, le *chêne*, l'*if* et jusqu'aux deux espèces de *noisetiers* actuellement indigènes. Toutes ces plantes, remontant à

(1864, arch. de Genève.)

l'époque diluvienne, ajoute Heer, n'ont subi aucune modification , quoique de grandes espèces de mammifères se soient éteintes alors.

Avec des conditions de durée des saisons , très différentes entre le Spitzberg avec ses quatre mois de nuit, et sur les hauteurs du Faulhornn , dans les grandes Alpes, sur le versant méridional du Mont-Rose, sur les Grands Mulets à plus de 3,000 mètres de hauteur, on trouve des espèces identiques dont la proportion varie entre 8 et 20 pour cent.

Au Pic du Midi, dans les Pyrénées, les plantes identiques à celles du Spitzberg, forment les onze centièmes du chiffre total.

Mêmes remarques dans certains animaux. Les écrevisses des eaux profondes en Dalmatie et celles superficielles de la Norvége sont identiques.

Les milieux les plus différents n'altèrent pas aujourd'hui certaines espèces.

Les observations contemporaines confirment les déductions de l'archéologie et de la géologie sur la permanence des types organiques.

Puisque les variations des formes ne sont nullement des caractéres distinctifs des espèces, puisque la seule limitation sérieuse de celles-ci gît dans la constatation de la fécondité continue, nous sommes dépourvus du seul moyen certain d'apprécier la diversité des espèces anté-historiques dont nous ne connaissons que les formes fossiles. Tels débris que nous rapportons à deux espèces distinctes peuvent être seulement les représentants de deux races d'une même espèce. M. Reynès n'a-t-il pas montré que des ammonites classées dans des espèces différentes correspondaient à des individus identiques mais d'âges différents ?

Si les parentés généalogiques sont difficiles à établir entre les êtres organisés fossiles différents par la forme, nous pouvons , du moins, conclure que des lieux où se trouvent les mêmes débris animaux, devaient offrir à ceux-ci de faciles communications : et cela n'est-il pas encore aussi rigoureusement établi, lorsque des espèces identiques vivantes se trouvent sur des lieux actuellement séparés par des barrières infranchissables pour ces animaux ? Le *renne*, le *castor*, le *loup*, le *renard* et l'*ours* communs aujourd'hui à l'Amérique septentrionale et à l'Asie, démontrent qu'une facile communication devait exister entre ces deux grands continents. Voilà un fait zoologique offrant une bien remarquable confirmation de l'induction géologique, rapportant au plus récent cataclysme la séparation de l'Asie et de l'Amérique, aujourd'hui établie par le détroit de Béhring.

Bien au contraire, les espèces animales actuelles de l'Amérique du Sud sont très distinctes de celles de l'Amérique du Nord. Même remarque s'applique à l'Afrique, dont les animaux sont très distincts de ceux de l'Asie. Puisque les animaux de l'Amérique boréale n'ont pas émigré sur l'Amérique australe, puisque les animaux de l'Asie ne sont pas passés en Afrique, les deux langues de terre de Suez et de Panama correspondaient a des passages plus difficiles qu'aujour-d'hui : les deux isthmes sont donc des traits d'union très récents. Effectivement, ils offrent non-seulement des terrains de la période la plus moderne , mais encore les actions volcaniques, constatées par l'histoire, agitant ces deux isthmes dans la période actuelle, prouvent leur récente émersion. L'observation des animaux confirme ainsi l'observation géologique établissant le moderne soulèvement des deux plus remarquables isthmes de notre univers.

La Nouvelle-Hollande a conservé la topographie marécageuse, la surface peu accidentée : l'absence de hautes montagnes forme le caractère général de l'Europe dans la période géologique tertiaire.

La contrée la plus plate du monde contraste de la manière la plus tranchée avec la région la plus puissamment soulevée du globe terrestre avec l'Indoustan, hérissé des prodigieuses hauteurs de l'Hymalaya.

Entre les plaines australiennes basses et marécageuses, et les pics les plus élancés de l'Asie, il y a un voisinage presque immédiat dont les bras de mer des iles de la Sonde et les ilots volcaniques forment la seule séparation.

En conservant l'aspect presque uni des terrains du premier âge tertiaire, la Nouvelle Hollande a conservé la forme la plus ancienne de l'animalité tertiaire. On vient d'y rencontrer un poisson muni de poumons, le *ceratodus forsteri*, dont on croyait le genre éteint depuis l'âge géologique du Trias. De sorte que l'Australie , avec ses fougères arborescentes, ses poissons , ses quadrupèdes spéciaux , l'Australie offre la monotone topographie et les formes organiques végétales et animales des anciens âges de la terre.

Il y a, en Australie, les traits de l'ancienne géographie , en même temps que les formes organiques voisines de celles des anciens êtres vivants. On y trouve plusieurs intermédiaires entre les diverses classes du monde animé ; des intermédiaires entre les fougères fossiles et les fougères actuelles, des intermédiaires entre les poissons tels que le *ceratodus forsteri* et les sauriens; des intermédiaires entre les oiseaux et les mammifères, tels que l'ornithorinque ; des intermédiaires entre les ovipares et les vivipares, tels que les marsupiaux.

L'Afrique, placée au Sud de l'Asie et l'Amérique méridionale présentent dans leurs animaux et leurs vastes bassins intérieurs des analogies très frappantes. Si l'Afrique possède le *lion*, le *tigre* et la *panthère*, l'Amérique du Sud offre plus en petit les espèces correspondantes dans le *jaguar*, le *puma* et l'*ocelot*. Tandis que l'Australie présente simultanément les analogues organiques avec les types vivants d'Afrique et d'Amérique méridionale, en même temps que des traits de la physionomie de la terre et des êtres vivants, rappelant les caractères du monde brut et du monde animé avant les temps historiques. Enfin, on voit les animaux de plus petite dimension peupler les plus petits continents.

Tant il est vrai de dire que les créations brutes et animées ont toujours été en harmonie avec les paysages et les climats ! Si bien que les phénomènes de la géologie et du monde vivant s'harmonisent et se dévoilent réciproquement !

Les espèces végétales et animales de l'Australie, avec leurs caractères intermédiaires, nous offrent dans les diverses parties du monde vivant l'application des principes de la *moindre action*, et dans les harmonies entre les lieux, les climats et les êtres vivants éclate la sagesse de l'auteur des lois de la création.

RÉSUMÉ DES DERNIÈRES OBJECTIONS.

Dans la discussion qui s'est élevée au sein de l'Académie, discussion
dont mon mémoire et celui de notre confrère, M. Itier, ont été l'occa-
sion ; — plusieurs remarques ont été énoncées ; des critiques et des
apologies se sont succédé relativement à ma réfutation du Darwinisme.

On a demandé d'exclure la métaphysique , on a prétendu que le
Darwinisme était aussi rationnel , aussi religieux que le système
opposé ; qu'il ne s'agissait plus que de savoir s'il était appuyé sur des
observations suffisantes. Enfin, on a posé trois objections principales
à *la thèse de la fixité actuelle* des espèces vivantes.

On a contesté que les espèces végétales perfectionnées n'aient pu
aboutir à une plante douée d'une fécondité continue.

On a cité le prunier *reine-claude.*

Après avoir cité une génération des axis métis, on a observé que la
génération avait été faite sans ordre et que l'on avait eu onze générations, dont la série avait été interrompue par le siége de Paris.

On a justement observé que nos idées, sur les espèces animales.
étaient surtout tirées de l'observation des animaux domestiques.

On a nié l'infécondité relative des chevaux de course ;

On a objecté contre l'unité spécifique humaine, l'infécondité pré-
tendue des croisements entre la race Australienne et les autres races
de l'humanité.

Je vais reprendre, en détail, ces observations et formuler, par écrit.
ma réponse aux objections. La discussion orale aura ainsi laissé une
trace qui permettra de fixer les idées des juges du combat courtois
engagé devant l'Académie de Marseille.

Notre Président observe judicieusement que la vivacité des discus-
sions, dont le Darwinisme est le sujet, est due aux préoccupations
morales et religieuses. Nous croyons, en effet, que bon nombre de
disciples de Darwin adoptent le système de leur maître plutôt pour
s'en faire une arme contre la morale religieuse, que pour y trouver

une explication lumineuse de la création. Darwin lui-même n'a-t-il pas fait un pitoyable essai de morale, tiré des mœurs des abeilles qui, dans leur lutte pour l'alimentation, immolent les époux de leur reine?

Dans la discussion qui s'est élevée au sein de l'Académie, on a demandé d'exclure la métaphysique.

La métaphysique peut-elle réellement être bannie de la physique ?

Quand l'on disait : la nature A HORREUR DU VIDE, on prêtait un sentiment à la matière. Lorsque l'on a constaté que la pesanteur de l'air expliquait complètement ce que l'horreur du vide n'expliquait qu'incomplètement ; on n'est pas sorti de la métaphysique, car la pesanteur terrestre a pour cause l'attraction de la masse de notre globe. Or, une *attraction* n'est-elle pas tirée de la comparaison de l'effet mécanique produit chez les hommes par l'ATTRAIT ?

Le terme même de l'*attraction* implique donc l'analogie matérielle avec le sentiment humain de l'attrait, avec une tendance de l'homme : l'*attraction* est aussi métaphysique que l'*horreur* du vide.

En chimie, nous attribuons les combinaisons à des *affinités*, à de véritables affections spéciales ; à des préférences dont le type est fourni par la conscience humaine.

L'*affinité* chimique est, comme l'*attraction* universelle, un terme métaphysique emprunté aux observations faites sur la personnalité humaine.

En définitive, rien de plus métaphysique que l'ATTRACTION et que l'AFFINITÉ.

Nos sciences se sont de plus en plus simplifiées ; mais leurs formules, diminuées de nombre, sont toujours *plus* de la *métaphysique*. Est-il possible qu'il en soit autrement ? Toutes les généralisations ne cessent-elles pas de représenter un être concret, dès qu'elles aboutissent à des formules s'appliquant à des faits multiples ? La généralisation est toujours une *abstraction*, elle devient immédiatement *métaphysique*.

Les positivistes ne comprennent rien aux principes fondamentaux de la science, lorsqu'ils excluent la métaphysique. Dès qu'ils s'avisent de sortir de l'empirisme des faits isolés pour entrer dans les théories générales ; ils font de la métaphysique comme M. Jourdain faisait de la prose, *sans le savoir*.

Le Darwinisme implique ou une absurdité scientifique ou une conséquence immorale et anti-sociale.

D'après la théorie du Darwinisme, tout le développement organique provient de la cellule vivante dépourvue de *spontanéité*, d'*intelligence* et de *liberté*.

La transformation intrinsèque de la cellule ne peut produire par elle-même ce qu'elle ne contient pas..... Il est donc *absurde*, il est essentiellement irrationnel, il est anti-scientifique que la cellule puisse produire la *spontanéité*, l'*intelligence* et la *liberté*.

Donc en admettant la *liberté morale*, qui existe dans l'homme, dérivé prétendu de la cellule, le Darwinisme commet une palpable *absurdité.*

Pour échapper à *l'absurdité*, le Darwinisme niera-t-il la liberté *morale humaine ?*

Dès lors le Darwinisme devient immoral, il devient anti-social, il se met en révolte contre toutes les lois. puisqu'il dénie la liberté des déterminations humaines.

Le Darwinisme n'élude l'absurdité scientifique que pour tomber dans la criminelle absurdité immorale, anti-sociale.

En vain, alléguerait-on que le vénérable M. Darwin ne veut pas pousser jusqu'à ces extrémités, ses inductions biologiques ? que Darwin soit inconséquent avec ses propres idées, qu'il soit tout-à-fait illogique pour rester citoyen honnète, cela *honore l'homme* aux dépens du savant.

Mais nous devons apprécier la théorie indépendamment de l'homme qui la professe; celui-ci vaut sans doute beaucoup mieux que son propre système.

On insiste pour donner un brevet d'innocence au Darwinisme. L'idée de la divinité et de la puissance créatrice n'est en rien diminuée, dit-on, par la théorie qui admet que toute la création vivante a été établie dès la première heure où a été formée la première cellule organique. Dira-t-on que la puissance créatrice qui aurait tout fait dans le premier germe, ne serait ni moins haute ni moins majestueuse que si elle avait fait la création par des actes successifs ?

L'idée Darwinienne, qui a pour extrème conséquence de nier dans l'homme la *liberté morale* , liberté morale absente de la première cellule vivante, ne fait-elle pas du Créateur lui-même un être sans *liberté ?* et la force créatrice permanente, toujours active, ne serait-elle pas pour le Darwinien la cellule elle-même ?

Si le Créateur n'a mis nulle part une parcelle de liberté , n'est-on pas amené à conclure que ce Créateur est lui-même dépourvu de *liberté ?*

Ainsi l'idée de Dieu *libre, personnel,* toujours *actif,* étendant sa force conservatrice sur le monde entier, toujours providentiellement en communication avec la marche progressive de ses créations...... tous ces magnifiques, ces consolants , ces salutaires attributs de la divinité sont rejetées par la désolante, l'abrutissante théorie Darwinienne.

La conception Darwinienne de la création est donc une triste déviation, une misérable mutilation du sublime type divin transmis par l'Evangile.

Dès qu'une doctrine scientifique arrive à de telles conséquences , elle est convaincue d'erreur, elle est réfutée par l'absurde.

La force vitale de la cellule primordiale ne rend pas compte de l'attribut divin de la liberté du Créateur et ne donne pas la raison du développement de la force vitale de l'homme.

Ce mot de force vitale n'est pas plus vide de sens que celui de tout autre genre de force.

On appelle force, la cause invisible du mouvement visible.

Le développement et le décroissement organique, l'assimilation et la sécrétion sont évidemment des mouvements intérieurs. La vie est manifestée par un mouvement , soit intérieur, soit extérieur. C'est toujours une circulation de séve ou de sang, et la mort ne se révèle que par la cessation définitive du mouvement. La cause de ces mouvements sensibles de la vie peut très justement prendre le nom de force.

La force vitale n'est ni l'attraction, ni la répulsion cosmique, ni l'attraction électrique, ni celle des courants électro-magnétiques, ni la vibration calorifique ou lumineuse, ni l'*affinité chimique*.

La force organique est distincte de toutes les forces brutes, elle les transforme et les domine, en produisant les phénomènes de la vie.

La feuille *vivante*, exposée à la lumière, décompose l'acide carbonique, s'assimile le carbone ; la même feuille sans vie et détachée de l'arbre, soumise à la même lumière, livre son carbone à l'oxygène. Il y a donc des phénomènes chimiques , subissant une inversion causée par la vie. Voilà pourquoi nous appelons cette force organique, *force vitale*, sans que cette force nous devienne sensible autrement que par ses effets spéciaux. Toutes les forces classées sont-elles connues autrement que par leurs effets caractéristiques ?

Le Darwinisme admet une force vitale unique. C'est là le fondement de toutes ses erreurs.

Nous admettons, nous, diverses classes de forces vitales :

La force vitale végétative ;

La force vitale animale ;

La force vitale humaine, celle-ci intelligente et libre.

En d'autres termes, le lumineux esprit de Saint-Thomas exprimait les mêmes pensées. Il distinguait l'âme végétale, l'âme animale et l'âme humaine.

Voilà notre conception de la création.

Voici notre conception du Créateur :

Au lieu d'admettre l'absurdité Darwinienne, qui fait sortir une chose de ce qui n'en renferme pas l'élément producteur ; nous reconnaissons un être personnel *toujours libre, toujours actif*, présidant sans cesse à l'ordre général, et préparant avec sa force, avec sa sagesse infinies, avec sa durée infinie, ce qui VA ÊTRE, dans ce QUI EST. Les transformations ont été opérées par la main Divine.

Au contraire ; ce qui est la création humaine , ce qui n'est que le résultat des tranformations dues aux faibles forces de l'homme , est essentiellement limité à l'action immédiate de la main de l'homme.

C'est ainsi qu'il est constaté que la force reproductrice des animaux domestiques transformés est *altérée* et notablement *diminuée*.

Cela est aussi vrai pour les *plantes* que pour les *animaux*. Après avoir consulté les praticiens pépiniéristes qui entourent Marseille.

après avoir lu les œuvres des meilleurs et des plus savants arboriculteurs. tels que *Dubreuil*, nous arrivons à cette conclusion générale : la greffe est le moyen le plus efficace d'améliorer les fruits , et la greffe abrége la vie des arbres. A cela, il n'y a nulle exception. pas plus parmi les prunes que parmi les poires.

Il parait inutile de répéter ce qui a été écrit dans les notes relativement à la dégénérescence et à la mortalité précoce des arbres fruitiers transformés et de plantes à fleurs ou à racines améliorées. L'art du jardinier cessera d'être une carrière lucrative et honorée, dès l'instant que les plantes et les arbres fruitiers améliorés se pourront multiplier sans soins spéciaux.

Ce que l'on a observé sur les raisins sans pepins, sur les roses sans étamines , répond à la question de reproduction plus ou moins difficile des plantes transformées. Pour les pruniers reine–claude comme pour les autres arbres fruitiers, on ne peut maintenir la qualité que par la greffe ; pour la prune comme pour tous les fruits , les plus beaux produits ne se maintiennent que par les efforts de la science, du travail de l'homme.

A l'affirmation de l'absence de fécondité continue dans les métis résultant du croisement de deux espèces différentes, M. Lespés oppose l'exemple de *onze générations* de croisements d'AXIS observés au Jardin des Plantes de Paris, observations interrompues seulement par le siége de Paris.

A cette induction, voici la réponse :

Les axis métis ont été laissés avec leurs parents. Les accouplements se sont faits indistinctement, soit des métis entr'eux, soit des métis avec leurs parents, de façon que l'on n'a pas constaté si les produits des croisements ont été des retours aux espèces parentes ou des unions des *métis* exclusivement faites entr'eux.

Cette expérience n'offre donc aucun résultat positif, elle n'est pas une base sérieuse d'argumentation. Que serait devenu ce métissage dans la vie libre des herbages naturels ?

Reste un fait général incontestable et incontesté. Depuis l'ère diluvienne ou glaciaire, aucune espèce animale sauvage n'a apparu modifiée ; on n'a point de nouvelle espèce d'*ours*, de *loup*, de *lion*, de *cerf*, de *lièvre*. Ce fait général est hors de discussion. Si la sélection *naturelle* devait apporter ses modifications, c'est dans la vie *naturelle* et *libre* ; or, c'est précisément là que les métissages producteurs d'espèces nouvelles font complètement *défaut*. L'absence d'espèce nouvelle sauvage, depuis l'*ère diluvienne*, est un fait démontré et complètement opposé aux théories Darwiniennes.

Les espèces animales domestiques, placées constamment sous nos yeux, peuvent offrir des phénomènes plus nombreux et plus facilement répétés que les espèces sauvages. Les espèces domestiques subissent plus complètement que les autres l'empire de l'homme et devraient être plus complètement modifiées par l'intervention humaine. Dans les espèces domestiques le cheval a été l'objet d'une remarque particulière. On a cru trouver sur le front de certains chevaux un signe de parenté avec le front de l'âne, nous avons d'avance répondu que la valeur des signes extérieurs est nulle, mise en regard de la fécondité continue. Le type cheval est un des plus solidement établis. Le cheval *antédiluvien* est identique au cheval *post diluvien*. (Voir les travaux de Cuvier.)

Une remarque générale se place ici.

Les espèces domestiques que l'homme n'a pas sensiblement modifiées, mais auxquelles il a prodigué les moyens d'existence, sont devenues plus fécondes que les types demeurés sauvages. Cette fécondité n'est pas le produit de l'altération du type, elle est le résultat de l'alimentation plus abondante. La preuve que les lapins domestiques, que les porcs·domestiques n'offrent pas un type spécifique particulier, c'est qu'ils sont immédiatement et perpétuellement féconds avec leurs types restés sauvages.

Ainsi le porc domestique, le lapin domestique, la poule domestique, le chien domestique, sont devenus plus féconds que leurs congénères restés sauvages.

Mais il n'y a pas là une modification, une création d'espèces nouvelles, il n'y a qu'une alimentation plus aisée favorisant la reproduction.

La fécondité a été altérée, au contraire, dès que l'homme a voulu sérieusement modifier les types primitifs. Ainsi, le lapin prenant plus de chair, ou se couvrant d'un poil plus fin, plus abondant, est devenu moins fécond que le lapin non modifié. Le porc modifié, prenant de l'obésité et des membres locomoteurs plus atrophiés, est devenu *moins fécond*, plus *infirme* et plus facilement *maladif*.

Les effets fécondants de la domesticité ne se maintiennent qu'à la condition de ne pas altérer les types héréditaires transmis par cette même domesticité.

Toutes les modifications établies sur le type domestique, que j'appelle primitif et naturel, ont tendu à produire la stérilité.

Cela est parfaitement reconnu pour le *Durham* ou bœuf perfectionné, pour le *Dislhey* ou *mouton* transformé; pour le *porc*, pour le *lapin* modifiés.

Cela est vrai pour les animaux domestiques les plus inférieurs, tels que les *vers-à-soie*. Toutes les espèces de bombyx perfectionnées, celles à soie fine et blanche, celles à évolutions plus rapides, tels que les *trivoltini*, qui ont réduit leur vie de larve à *trois mues*, au lieu des *quatre* mues des vers-à-soie ordinaires; toutes les espèces *perfectionnées* de vers-à-soie sont devenues plus difficiles à reproduire et à soustraire aux influences meurtrières des épizooties du bombyx. Je m'en réfère, à ce sujet, à l'expérience de notre savant confrère Robert, le directeur de la magnanerie modèle de Sainte-Tulle.

Le perfectionnement des races a rendu l'existence plus précaire et la fécondité plus faible.

Nous avons affirmé que le cheval de course a perdu la majeure partie de la fécondité du cheval ordinaire ; il a perdu les 6/7 de sa force reproductrice.

A cette remarque, M. Lespès oppose un fait : le cheval de course le plus fameux, l'ÉCLIPSE, a fait naître 300 poulains. Eh bien , ce fait est la plus éclatante confirmation de la règle que nous avons rappelée.

Un étalon ordinaire peut saillir pendant dix ans ; il peut produire 2,000 poulains, l'*Eclipse* n'en a produit que 300.

Et cependant l'*Eclipse* a été utilisé comme reproducteur aussi longtemps que la saillie lui a été possible ; il avait un sang précieux dont on voulait retenir les dernières gouttes. Toutes les surexcitations que l'intérêt pouvait suggérer n'ont pu aboutir qu'à une filiation que pourrait obtenir un bon reproducteur ordinaire dans une seule année !

Au surplus, il y a un fait vulgaire attestant l'infécondité des chevaux de course, c'est leur prix exorbitant. Un étalon de course vaut de 15,000 à 20,000 fr., un étalon ordinaire atteint à peine le vingtième de cette valeur.

Pourquoi une telle exagération du reproducteur du cheval de course se maintient-elle depuis près d'un siècle ? On ne paye *très cher* que ce qui est très rare.

La seule objection formulée contre l'infécondité des animaux transformés est donc une confirmation de la règle. La fécondité *soutenue* est au contraire le véritable *criterium* de l'espèce naturelle.

Les modifications intérieures et extérieures ne sont rien de significatif relativement à la force de reproduction ; ces modifications ne peuvent jamais arriver qu'à constituer des races.

Il y a des hommes qui ont une vertèbre de plus que le type moyen. Le squelette préparé sur un cadavre très bien développé a offert au célèbre anatomiste Auzoux, de Paris, cette vertèbre supplémentaire et parasite dont j'ai parlé. Néanmoins, les momies Égyptiennes, identiques à nos hommes actuels , établissent l'invariabilité de l'espèce humaine.

Il y a des hommes sex *digitaires*, portant six doigts à leurs mains et à leurs pieds ; tout cela ne constitue pas des espèces se perpétuant librement et *spontanément*.

Qu'y a-t-il de plus variable dans la forme, dans la taille, dans les pieds et les dents, que les diverses races de chiens ? Qu'y a-t-il de plus facile à croiser indéfiniment ? Les variétés de forme, de taille, de pelage, ne signifient donc rien de sérieux, tout cela est dominé par la foi de fécondité continue. Tandis que le chacal et le chien , avec leurs squelettes identiques, forment deux espèces invariablement séparées ; l'épagneul et le boule-dogue, avec leurs grandes différences de conformation, forment une seule espèce. C'est parce que le système intérieur et *latent* de la reproduction domine tout.

On a parlé des rats noirs qui ont remplacé à Paris, à Marseille même, les rats de plus petite taille et de couleur grise.

Dans le changement des rats européens il y a eu non une transformation spécifique mais une acclimatation de race exotique.

Les rats envahisseurs se croisent avec les rats envahis ; ils constituent donc deux races parfaitement de la même espèce et non deux espèces. Cela est d'autant plus évident que ce n'est pas un type nouveau qui occupe maintenant les égoûts, c'est un type préexistant qui s'est propagé. Il n'y a donc là qu'une acclimatation nouvelle, et rien qui rappelle une transformation.

Ce que nous venons de dire pour les races de rats, pour les races du chien, fidèle compagnon de l'homme, s'applique à l'homme lui-même et à ses races diverses.

Le croisement est fécond entre toutes les races humaines.

Entre tous les hommes répandus sur la surface du globe, la fécondité *réciproque, continue*, est attestée par les faits les plus généraux.

Toutes les races humaines de l'*Asie*, de l'*Afrique*, de l'*Amérique*, de la *Polynésie* se sont unies et ont produit des métis indéfiniment féconds.

Les indigènes de la Nouvelle-Hollande font-ils exception à la règle des croisements humains ? MM. *Mitchel*, *Pickering*, de *Quatrefages*, *Flourens* dénient cette exception, affirmée au contraire par *Bory-Saint-Vincent*, *Rienzi*, *Lesson*, *Durville*.

(Février 1872, *Bulletin de la Société de Géographie*.)

M. Dufresne, partisan d'ailleurs de la diversité des origines humaines, avoue qu'il y a là un mélange de beaux et de vilains types qui se maintiennent ensemble. (Par conséquent ils sont féconds entr'eux.) « A-t-on eu dans l'Australie, ajoute M. Dufresne, le « temps, la possibilité, le dévouement d'expérimenter le croisement « des espèces ?... Je ne sache pas que l'épreuve en ait été faite, du « moins, dans une série notable de générations. Si elle n'a pas eu « lieu, je doute qu'on ait le temps de la faire, avant que le dernier « Australien ait disparu, comme a disparu le dernier Tasmanien. « Que cette pauvre race descende du même Adam que nous, ce qui « est possible, ou de l'Adam d'une autre planète *(sic)*, elle n'en est « pas moins sortie des mains du même Créateur. »

Peut-on, dans ces doutes accumulés, voir une condamnation avouée de la fécondité réciproque, partout ailleurs observée, entre les diverses races humaines !

Reste donc le fait général, irrécusable de l'unité de l'espèce humaine, partout où elle a pu être sérieusement observée entre les races *blanche, jaune, cuivrée* ou *noire*.

L'homme forme donc une espèce *unique*, un genre *unique* qui ne peut s'allier avec aucun animal quelconque, pas même avec le singe, l'animal le moins éloigné de lui. Entre l'homme et un autre animal, il y a un abîme, abîme bien plus grand que celui qui sépare une espèce de l'espèce voisine. Toutes les espèces actuelles étant actuellement séparées invariablement, celle de l'homme est encore plus isolée que toutes les autres.

Puisque la fécondité réciproque des races humaines leur permet de descendre d'un seul *couple*, en vertu du principe mathématique de la *moindre action*, il faut conclure que le même père et la même mère ont dû produire le genre humain tout entier.

Voilà la grande et salutaire idée de la fraternité humaine, sortant des déductions scientifiques pour aboutir à une grande confirmation biblique et civilisatrice. On insiste et on demande comment se sont formées les races humaines avec leurs couleurs et leurs formes si tranchées. Dans l'origine, les mariages consanguins ont été nécessaires, et les climats d'autant plus influents que la vie extérieure était toujours exigée par la pêche et la chasse, que les populations étaient moins vêtues, moins abritées par des demeures clôturées en tout sens.

L'influence des climats était donc bien plus puissante, et elle s'ajoutait à celle de la proche parenté. Néanmoins, aujourd'hui encore, les climats produisent leurs effets variés. Les soldats Français ne se rapprochent-ils pas de la teinte *brune* dans les guerres d'Afrique, et les anglo-américains ne deviennent-ils pas un peu *cuivrés* ?

Si les hommes étaient dérivés des singes appartenant aux espèces très diverses qui peuplent l'Afrique, l'Asie, l'Amérique, il y aurait autant d'espèces humaines qu'il y a d'espèces de singes...

L'unité de l'espèce humaine est encore une contradiction au système Darwinien.

Le Darwinisme, fondé sur la transformabilité ACTUELLE, *experimentale* des espèces vivantes, est en contradiction avec toutes les observations scientifiquement établies.

La théorie Darwinienne conduit à attribuer la faculté créatrice à la cellule vivante, inconsciente et sans liberté, à y trouver la cause de la liberté humaine. Cette théorie implique, dès lors, une erreur fondamentale pour aboutir à une immoralité anti-sociale.

Pour expliquer la création contemporaine et la création éteinte, il faut en revenir à la puissance libre, infinie, opérant progressivement avec la plus haute sagesse et les moindres efforts, et faisant concourir toutes les crises des actions des forces brutes et organiques, à l'accomplissement du même plan divin.

L'accord de la science et de la religion bien comprise peut-il être plus manifeste ? L'idée de l'infini a été la base du progrès des sciences mathématiques, cette idée est aussi le vrai flambeau des sciences naturelles !

Les vérités géométriques ne s'établissent que pour les *surfaces*, dont l'amincissement est poussé jusqu'à l'INFINI ; pour les *lignes*, dont l'étroitesse va à l'INFINI ; pour les *points*, dont la petitesse arrive à l'INFINI. Entre les courbes et les droites, les relations ne s'établissent que par l'intervention de l'INFINI. La science des mouvements dans les astres et sur la terre ne s'est développée que par la merveilleuse application de l'**INFINIMENT** petit et de l'**INFINIMENT** grand, idées métaphysiques qui sont tout le fondement des admirables instruments de calcul qui s'appellent la *différentielle* et l'*intégrale*.

L'*infini* est le flambeau qui porte la lumière dans les *mathématiques*, dans la *physique;* l'action de l'*infini* seule peut éclairer les sciences naturelles dans le grand problème de la création.

Il demeure évident que tout s'est fait, dans l'ordre organique comme dans le règne *inorganique*, en appliquant le principe de la *moindre action*, c'est-à-dire par des transformations exigeant la moindre dépense d'efforts et marchant du simple au composé, par les crises les moins violentes. La géologie confirme en ce sens la lettre des traditions bibliques.

TABLE DES MATIÈRES.

NOTES.

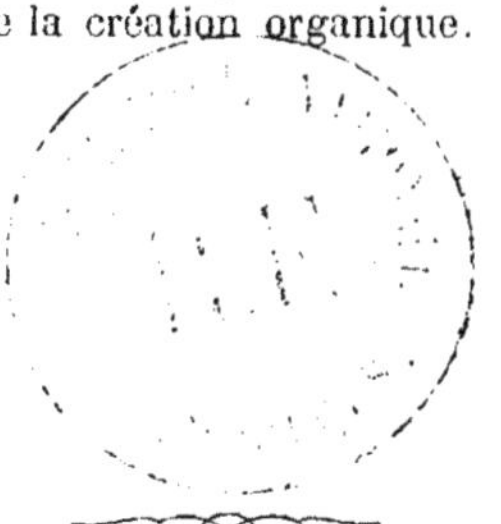